国家级职业教育规划教材
劳动保障部培训就业司推荐

U0148808

高等职业技术院校数控技术／模具设计与制造专业

数控车床

Fanuc 系统编程与操作实训

Shukong Jishu / Muju Sheji Yu Zhizao Zhuanye

GN±

Gaodengzhiye Jishuyuanxiao

主编 崔昭国

中国劳动社会保障出版社

图书在版编目（CIP）数据

数控车床 Fanuc 系统编程与操作实训/劳动和社会保障部教材办公室组织编写. —北京：中国劳动社会保障出版社，2008

高等职业技术院校数控技术/模具设计与制造专业教材

ISBN 978-7-5045-7033-8

Ⅰ. 数… Ⅱ. 劳 Ⅲ.①数控机床：车床-程序设计-高等学校：技术学校-教材②数控机床：车床-操作-高等学校：技术学校-教材 Ⅳ. TG519.1

中国版本图书馆 CIP 数据核字（2008）第087603号

中国劳动社会保障出版社出版发行

（北京市惠新东街1号 邮政编码：100029）

出 版 人：张梦欣

*

北京宏伟双华印刷有限公司印刷装订 新华书店经销

787 毫米×1092 毫米 16 开本 13.25 印张 302 千字

2008 年 7 月第 1 版 2008 年 7 月第 1 次印刷

定价：26.00 元

读者服务部电话：010-64929211

发行部电话：010-64927085

出版社网址：http://www.class.com.cn

前　　言

　　为了贯彻落实全国职业教育工作会议精神，切实解决目前机械设计制造类专业（包括数控技术、模具设计与制造）教材不能满足高等职业技术院校教学改革和培养高等技术应用型人才需要的问题，劳动和社会保障部教材办公室组织一批学术水平高、教学经验丰富、实践能力强的教师与行业、企业一线专家，在充分调研的基础上，共同研究、制订机械设计制造类专业培养计划和教学大纲，并编写了相关课程的教材，共 40 种。

　　在教材的编写过程中，我们贯彻了以下编写原则：

　　一是充分汲取高等职业技术院校在探索培养高等技术应用型人才方面取得的成功经验和教学成果，从职业（岗位）分析入手，构建培养计划，确定相关课程的教学目标；二是以国家职业标准为依据，使内容分别涵盖数控车工、数控铣工、加工中心操作工、车工、工具钳工、制图员等国家职业标准的相关要求；三是贯彻先进的教学理念，以技能训练为主线、相关知识为支撑，较好地处理了理论教学与技能训练的关系，切实落实"管用、够用、适用"的教学指导思想；四是突出教材的先进性，较多地编入新技术、新设备、新材料、新工艺的内容，以期缩短学校教育与企业需要的距离，更好地满足企业用人的需要；五是以实际案例为切入点，并尽量采用以图代文的编写形式，降低学习难度，提高学生的学习兴趣。

　　在上述教材的编写过程中，得到有关省市教育部门、劳动和社会保障部门以及一些高等职业技术院校的大力支持，教材的诸位主编、参编、主审等做了大量的工作，在此我们表示衷心的感谢！同时，恳切希望广大读者对教材提出宝贵的意见和建议，以便修订时加以完善。

劳动和社会保障部教材办公室

2007 年 12 月

内 容 简 介

本书为国家级职业教育规划教材。

本书根据高等职业技术院校教学计划和教学大纲，由劳动和社会保障部教材办公室组织编写。主要内容包括：数控车床加工基础，轴类零件的编程与加工，套类零件的编程与加工，盘类零件的编程与加工，非圆曲线的编程与加工，复杂零件的编程与加工，自动编程，数控车床的检验与保养。

本书意在通过完成轴类、套类、盘类、非圆曲线、复杂零件的具体编程、加工任务，使学生在每一个任务完成过程中学习相关的工艺分析、编程指令和加工方法、步骤等，最终掌握 Fanuc0i—TC 的系统编程方法和加工技术。

本书为高等职业技术院校数控技术/模具设计与制造专业，也可作为成人高校、本科院校举办的二级职业技术学院和民办高校的数控技术专业教材，或作为自学用书。

本书由崔昭国主编，吴云飞、赵玉刚、杨振、张子清参编。

目　录

《国家级职业教育规划教材》**CONTENTS**

模块一

数控车床加工基础

课题一　数控车床概述

学习目标
- ◆ 了解数控车床的组成及原理；
- ◆ 能够熟练进行 CKA6150 数控车床的开关机操作。

任务引入

在生产加工中，经常会遇到类似图 1—1—1 所示的复杂轴类零件，为保证加工精度，提高生产效率，一般都选择数控车床进行加工。本课题的任务就是认识和了解数控车床。

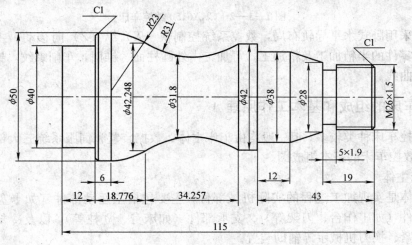

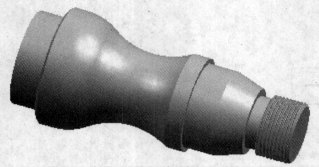

图 1—1—1　轴类零件

相关知识

数控车床是目前使用较为广泛的数控机床之一。它主要用于轴类零件和盘类零件的内外圆柱面、任意锥角的内外圆锥面，复杂回转体的内外曲面和圆柱、圆锥螺纹等切削加工，并能进行切槽、切断、钻孔、扩孔及扩孔等。

CKA6150 数控车床是新一代的经济型数控车床，数控装备选用 Fanuc 0i—TC 系统，如图 1—1—2 所示。

图 1—1—2　CKA6150 数控车床

该车床采用卧式水平导轨布局，数控系统控制横（X）纵（Z）向移动。主要承担各种轴类及盘类零件的半精加工及精加工，可加工内外圆柱面、锥面，车削螺纹，镗孔，铰孔以及加工各种曲线。

一、数控车床的组成和基本工作原理

虽然数控车床种类较多，但一般均由车床主体、数控装置和伺服系统三大部分组成。图1—1—3 是数控车床的基本组成图。

1. **车床主体**

车床主体是实现加工过程的实际机械部件，主要包括主运动部件（如卡盘、主轴等）、进给运动部件（如工作台、刀架等）、支承部件（如床身、立柱等），以及冷却、润滑、转位部件和夹紧、换刀机械手等辅助装置。

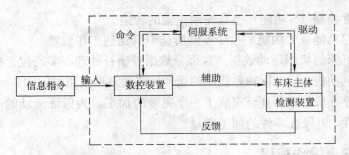

图 1—1—3 数控车床的基本组成图

数控车床主体通过专门设计而成，各个部位的性能都比普通车床优越。如结构刚性好，能适应高速车削需要；精度高、可靠性好，能适应精密加工和长时间连续工作等。

2. 数控装置和伺服系统

数控车床与普通车床的主要区别就在于是否具有数控装置和伺服系统这两大部分。如果说，数控车床的检测装置相当于人的眼睛；那么，数控装置就相当于人的大脑；伺服系统则相当于人的双手。这样，就不难看出这两大部分在数控车床中所处的重要位置了。

（1）数控装置

数控装置的核心是计算机及运行在其上的软件，它在数控车床中起"指挥"作用，实物如图 1—1—4 所示。数控装置接收由加工程序送来的各种信息，并经处理和调配后，向驱动机构发出执行命令。在执行过程中，其驱动、检测等机构同时将有关信息反馈给数控装置，以便经处理后发出新的执行命令。

图 1—1—4 数控装置

（2）伺服系统

伺服系统通过驱动电路和执行元件（如伺服电机），准确地执行数控装置发出的命令，完成数控装置所要求的各种位移。

数控车床的进给传动系统常用进给伺服系统替代，因此也常称为进给伺服系统。

3. 数控车床的基本工作原理

数控系统通过运行零件加工程序，实现零件的加工，其原理如图 1—1—5 所示。

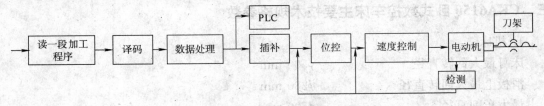

图 1—1—5 数控机床工作原理图

首先，数控系统将零件逐段译码，然后进行数据处理。数据处理又包括刀心轨迹计算和进给速度处理两部分。

系统将经过数据处理后的程序数据分成两部分，一部分是机床的顺序逻辑动作数据。这些数据送往 PLC，经处理后，控制机床的顺序动作。送往 PLC 的数据包括：

（1）辅助控制指令（M 功能）控制主轴旋转和停止，冷却液的开和关，以及机床的其他开关动作，如卡盘和尾座的卡紧和松开等。

（2）主轴速度控制（S 功能）指令控制主轴的转速。

（3）刀架选刀功能（T 功能）指令控制所选刀具到达工作位置。

另一部分是机床的切削运动数据。这部分数据经插补处理，实现位置控制和速度控制及驱动坐标轴进给电动机，使坐标轴做相应的运动，带动刀具做切削运动。

系统会将程序逐段处理，直至完成了一个完整的加工。为保证运动的连续性，要求系统要有很强的实时性，以保证零件的加工质量。

二、数控车床安全操作规程

1. 开机前应对数控车床进行全面细致的检查，内容包括操作面板、导轨面、卡爪、尾座、刀架、刀具等，确认无误后方可操作。

2. 数控车床通电后，检查各开关、按钮和按键是否正常、灵活、机床有无异常现象。

3. 程序输入后，应仔细核对代码、地址、数值、正负号、小数点及语法是否正确。

4. 正确测量和计算工件坐标系，并对所得结果进行检查。

5. 输入工件坐标系，并对坐标、坐标值、正负号、小数点进行认真核对。

6. 未装工件前，空运行一次程序，看程序能否顺利进行，刀具和夹具安装是否合理，有无"超程"现象。

7. 试切削时快速倍率开关必须打到较低挡位。

8. 试切削进刀时，在刀具运行至工件 30～50 mm 处，必须在进给保持下，验证 Z 轴和 X 轴坐标剩余值与加工程序是否一致。

9. 试切削和加工中，刃磨刀具和更换刀具后，要重新测量刀具位置并修改刀补值和刀补号。

10. 程序修改后，要对修改部分仔细核对。

11. 必须在确认工件夹紧后才能启动机床，严禁工件转动时测量、触摸工件。

12. 操作中出现工件跳动、打抖、异常声音、夹具松动等异常情况时必须停车处理。

13. 紧急停车后，应重新进行机床"回零"操作，才能再次运行程序。

三、CKA6150 卧式数控车床主要技术规格参数

1. 机床

床身最大回转直径	ϕ500 mm
滑板上最大回转直径	ϕ280 mm
最大车削直径	ϕ500 mm
最大加工长度	930 mm
主轴中心距床身导轨面距离	250 mm
主轴中心线距地面距离	1 130 mm

2. 行程

X 坐标	280 mm
Z 坐标	935 mm

3. 进给速度

X 坐标	工进，0.01～3 000 mm/min；快进，4 000 mm/min
Z 坐标	工进，0.01～6 000 mm/min；快进，8 000 mm/min

4. 主轴

主轴转速范围（变频）	25～2 200 r/min
主轴通孔直径	ϕ82 mm

5. 刀架

刀位数	4 位
车刀柄尺寸	25 mm×25 mm

6. 尾座

尾座最大行程	150 mm
尾座套筒直径	ϕ75 mm
尾座芯轴锥孔锥度	莫氏 5 号

7. 电机

主轴电机（变频）	功率 7.5 kW，转速 570～2 940 r/min。
X 轴伺服电机	功率 1.2 kW，转速 3 000 r/min
Z 轴伺服电机	功率 1.2 kW，转速 3 000 r/min
冷却泵电机	功率 0.12 kW，流量 25 L/min

任务实施

一、数控车床的开机和关机

车床的开机按下列顺序操作，而关机则按相反顺序操作。

1. 打开电器柜的电源总开关，接通车床主电源，电源指示灯亮，电器柜散热风扇启动。

2. 按车床操作面板上的 NC 系统启动键（ON），而关机则为系统停止键（OFF）。接通计算机系统电源，10～50 秒后，LCD 显示初始画面，等待操作。

3. 松开（关机按下）急停按钮。

二、数控车床的手动操作

当车床按照加工程序对工件进行自动加工时，车床的操作基本上是自动完成的，而其他情况下，需手动对车床进行控制操作。

1. 手动返回参考点操作

使用绝对值编码器时，无须回零。有机械式回零开关时选用手动返回参考点操作。当接通数控系统的电源后，操作者必须首先进行返回参考点的操作。另外，车床在操作过程中遇到急停信号或"超程"报警信号，待故障排除后，恢复车床工作时，也必须进行返回车床参考点的操作。

手动返回参考点具体操作方法如下：

（1）选择回零方式；

（2）设置快速移动倍率波段旋钮的位置，选择返回参考点的快速（G00）移动速度；

（3）按正向 X 轴或正向 Z 轴点动键，车床溜板沿所选择的轴向自动快速移动回零。当车床溜板停在参考点位置时，相应轴的回零指示灯亮；

（4）停止回原点操作，可按 RESR 复位键或切换到其他操作方式。

如果刀架离参考点太近，先反方向将刀架移开，否则无法完成回原点动作。回原点速度由快速倍率开关调节。

2. 手动进给操作

当手动调整车床时，需要手动操作车床刀架移动，其操作方法有三种：一种是用点动方式使车床刀架连续运动；一种是用点动方式使车床刀架快速运动；一种则是用手摇脉冲发生器使车床刀架运动。

（1）手动连续进给操作

车床手动操作时，要求刀具能点动或连续移动接近或离开工件。其操作方法如下：

1）选择手动（JOG）方式；

2）设置进给倍率波段旋钮的位置，选择手动连续移动速度；

3）按住所要移动的轴及方向所对应的点动键，车床刀架在所选择的轴向，以进给倍率波段旋钮设定的速度连续移动，当放开点动按键时，车床刀架在所选择的轴向停止连续移动。

（2）手动快速进给操作

车床手动操作时，要求刀具能快速移动接近或离开工件。其操作方法如下：

1）选择手动（JOG）方式；

2）设置快速移动倍率波段旋钮的位置，选择手动快速移动速度；

3）同时按住所要移动的轴及方向所对应的移动键和快速按钮键，车床刀架在所选择的轴向，以快速移动倍率波段旋钮所选择的速度快速移动。

（3）手轮进给操作

在手动调整刀具或试切削时，可用手轮确定刀具的正确位置。此时，一面转动手轮微调进给，一面观察刀具的位置或切削情况。操作方法如下：

1）选择手轮脉冲方式，选择手轮 X 轴进给或 Z 轴进给位置；

2）设置手轮移动量倍率波段旋钮的位置，选择手轮进给移动量；

3）顺时针或逆时针转动手轮，车床刀架在所选轴的正向或负向，以手轮移动量倍率波段旋钮选择的进给移动量移动。

3. 主轴的手动操作

主轴的手动操作主要包括主轴的设置和启动正转、反转及停止。

本机床为变频电机，主轴箱外设有变速手柄。车床共三挡转速范围，L 挡：15～140 r/min；M 挡：140～550 r/min；H 挡：450～2 200 r/min。机床刚启动必须在 MDI 状态设置转速。设置方法为：进入 MDI 状态输入 M03 S_；按循环启动键。注意所设置的转速必须与变速手柄所放位置的转速范围一致。主轴的启动正转、反转及停止，在手动状态可通过面板的按键实现。

4. 手动刀架操作

装卸和测量刀具及对刀试切削时，都要靠手动操作实现刀架的转位，其操作方法如下：

（1）设置方式为手动数据输入（MDI）位置；

（2）按程序键（PROG），CRT 屏幕左上角显示 MDI；

（3）用 MDI 键盘上的地址/数字键，输入刀号 T0×00，如 T0200（或 T0100、T0300）后，按输入（INSERT）键；

（4）按循环启动键，循环启动键灯亮，即可实现刀架的转位，指定刀具转到切削位置。

三、数控车床的急停操作

车床无论是在手动或自动运行状态下，遇有不正常情况需要紧急停止时，按停止按钮，以确保操作人员及机床的安全。紧急停止按钮后，车床的动作及各种功能立即停止执行。屏幕上闪烁未准备好的报警信号。待故障排除后，顺时针旋转紧急停，压下的紧急停止按钮弹起，则急停状态解除。此时应态下按复位键，使 CNC 系统复位。同时要恢复车床的工作，必须先进行手动返回车床参考点的操作（使用绝对值编码器可以不回零）。

课题二　数控车床坐标系的确定

学习目标

- ◆ 了解数控机床的机床坐标系和工件坐标系；
- ◆ 了解确定工件坐标原点的要求；
- ◆ 能进行工件加工的对刀操作。

任务引入

在数控机床上加工如图 1—1—1 所示的零件并保证零件的加工精度，其实质是保证工件和刀具的相对运动精确无误。所以想要在编程时控制工件和刀具运动，首先需要掌握数控机床上常用的有两个坐标系，机床坐标系和工件坐标系；其次还要掌握机床参考点、换刀点等内容。

相关知识

为了简化编程和保证程序的通用性，国际上已经对数控机床的坐标系和方向命名制定了统一的标准。

工件坐标系是编程人员在编程时使用的，将工件上的已知点定义为原点（也称程序原点），定义一个新的坐标系，称为工件坐标系。工件坐标系一旦建立便一直有效，直到被新的坐标系替代为止。

一、机床坐标系

数控机床上的坐标系采用右手直角笛卡尔直角坐标系，如图 1—2—1 所示。右手的大拇

7

指、食指和中指保持相互垂直，拇指的方向为 x 轴的正方向，食指为 y 轴的正方向，中指为 z 轴的正方向。

图 1—2—1　右手直角笛卡尔坐标系

数控车床的坐标系规定，如图 1—2—2 所示，通常把传递切削力的主轴定为 z 轴。数控车床的机床原点一般设在主轴回转中心与卡盘后端面的交线上，如图 1—2—3 中的 O 点。

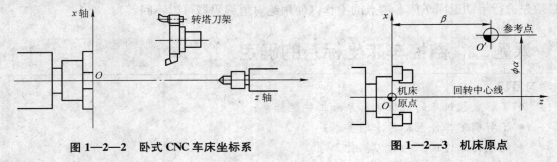

图 1—2—2　卧式 CNC 车床坐标系　　　　　　　图 1—2—3　机床原点

二、机床参考点

参考点也是机床上一个固定的点，它是用机械挡块或电气装置来限制刀架移动的极限位置。作用主要是用来给机床坐标系一个定位。因为如果每次开机后无论刀架停留在哪个位置，系统都把当前位置设定为（0，0），这样势必造成基准的不统一，所以每次开机的第一步操作为参考点回归（也称为回零点），也就是通过确定参考点来确定机床坐标系的原点（0，0）。参考点返回就是使刀架按指令自动地返回到机床的这一固定点，此功能也用来在加工过程中检查坐标系的正确与否和建立机床坐标系，以确保精确的控制加工尺寸。这个点常用来作为刀具交换的点，如图 1—2—3 中的 O' 点，$\phi\alpha$、β 为机床在 x、z 方向极限行程距离，即机床的理论加工范围。

当机床刀架返回参考点之后，则刀架基准点在该机床坐标系中的坐标值即为一组确定的数值。当机床在通电之后，返回参考点之前，不论刀架处于什么位置。此时 CRT 上显示的 z 与 x 坐标值均为 0，只有完成返回参考点操作后，CRT 上的值才立即显示出刀架基准点在机床坐标系中的坐标值，即建立了机床坐标系。

三、工件坐标系

工件坐标系是编程人员在编程时设定的坐标系，也称为编程坐标系（图 1—2—4）。

（1）工件坐标系原点

在进行数控编程时，首先要根据被加工零件的形状特点和尺寸，将零件图上的某一点设定为编程坐标原点，该点称编程原点。

只有使零件上的所有几何元素都有确定的位置，才能进行路线安排、数值处理和编程等，同时也决定了在数控加工时，零件在机床上的安放方向。

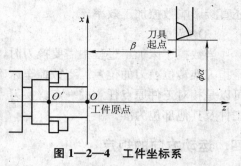

图 1—2—4　工件坐标系

从理论上讲，工件坐标系的原点选在工件上任何一点都可以，但这可能带来繁琐的计算问题，增添编程的困难。为了计算方便，简化编程，通常是把工件坐标系的原点选在工件的回转中心上，具体位置可考虑设置在工件的左端面（或右端面）上，尽量使编程基准与设计基准、定位基准重合。

1）把坐标系原点设在卡盘面上（图 1—2—5）。

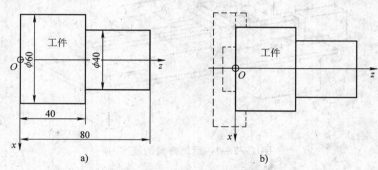

图 1—2—5　工件原点设置在卡盘面上

a）工件尺寸　b）装夹示意图

2）把坐标系原点设在零件端面上（图 1—2—6）。

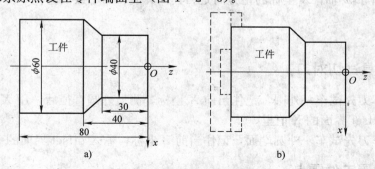

图 1—2—6　工件原点设置在端面上

a）工件尺寸　b）装夹示意图

（2）对刀

机床坐标系是机床唯一的基准，所以必须要弄清楚程序原点在机床坐标系中的位置，通常通过对刀完成。对刀的实质是确定工件坐标系的原点在机床坐标系中唯一的位置。对刀是数控加工中的主要操作和重要技能。对刀的准确性决定了零件的加工精度，同时，对刀效率还直接影响数控加工效率。

（3）换刀点

当数控车床加工过程中需要换刀时，在编程时就应考虑选择合适的换刀点。所谓换刀点是指刀架转位换刀的位置。当数控车床确定了工件坐标系后，换刀点可以是某一固定点，也可以是相对工件原点任意的一点。换刀点应设在工件或夹具的外部，以刀架转位换刀时不碰工件及其他部位为准。

四、运动方向的规定

根据规定，机床某一部件运动的正方向，是增大工件和刀具之间距离的方向，如图 1—2—7 所示。

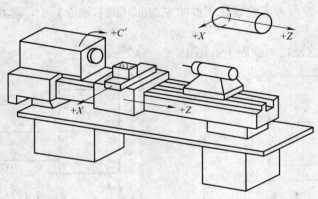

图 1—2—7　运动方向的规定

1. Z 轴与主轴轴线重合，即 Z 轴远离工件向尾座移动的方向为正方向（即增大工件和刀具之间距离），向卡盘移动为负方向。

2. X 轴垂直于 Z 轴，X 坐标的正方向是刀具离开旋转中心线的方向。

任务实施

一、直接用刀具试切对刀

1. 用外圆车刀先试车一外圆，记住当前 X 坐标，测量外圆直径后，用 X 坐标减外圆直径所得值输入 offset 界面的 X 值里。

2. 用外圆车刀先试车一外圆端面，记住当前 Z 坐标，输入 offset 界面的 Z 值里。

二、用 G50 设置工件零点

1. 用外圆车刀先试车一外圆，测量外圆直径后，把刀沿 Z 轴正方向退点，切端面到中心（X 轴坐标减去直径值）。

2. 选择 MDI 方式，输入 G50 X0 Z0，启动 START 键，把当前点设为零点。

3. 选择 MDI 方式，输入 G0 X150 Z150，使刀具离开工件进刀加工。

4. 这时程序开始运行：G50 X150 Z150 …

5. 注意：用 G50 X150 Z150 时，起点和终点必须一致即 X150 Z150，这样才能保证重复加工不乱刀。

三、用 G54 设置工件零点

1. 用外圆车刀先试车一外圆，测量外圆直径后，把刀沿 Z 轴正方向退点，切端面到中心。

2. 把当前的 X 和 Z 轴坐标直接输入到 G54 里，程序直接调用，如：G54 X50 Z50…
注意：可用 G53 指令清除 G54 工件坐标系。

课题三　数控车床编程

学习目标
 ◆ 了解 Fanuc 数控系统编程的基本方法和程序格式；
 ◆ 对照工件工艺流程，阅读工件加工程序。

任务引入

为了在数控机床上加工出合格零件，首先需根据零件图纸的精度和技术要求等，分析确定零件的工艺过程、工艺参数等内容，用规定的数控编程代码和程序格式编制出合适的数控加工程序。

相关知识

我们把从数控系统外部输入的用于加工的指令代码的集合程序称为数控加工程序，简称为数控程序。针对某种数控系统，程序语法要能被数控系统识别，同时程序语义能正确地表达加工工艺要求。数控系统的种类繁多，为实现系统兼容，国际标准化组织制定了相应的标准，我国也在国际标准基础上相应制定了标准。由于数控技术的高速发展和市场竞争等因素，导致不同系统间存在部分不兼容，如 Fanuc—0i 系统编制的程序无法在 SIEMENS 系统上运行。因此编程必须注意具体的数控系统或机床，应该严格按机床编程手册中的规定进行程序编制。但从数控加工内容本质上讲，各数控系统的各项指令都是应实际加工工艺要求而设定的。

一、数控程序编制的基本方法

1. 数控程序编制的内容及步骤

如图 1—3—1 所示，编程工作主要包括：

（1）分析零件图样和制定工艺方案

对零件图样进行分析，明确加工的内容和要求；确定加工方案；选择适合的数控机床；选择或设计刀具和夹具；确定合理的走刀路线及合理的切削用量等。这一过程要求编程人员能够对零件图样的技术特性、几何形状、尺寸及工艺要求进行分析，并结合数控机床使用的

11

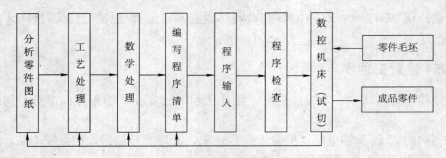

图 1—3—1　数控程序编制的内容及步骤

基础知识，如数控机床的规格、性能、数控系统的功能等，确定加工的工艺方案。

（2）数学处理

在加工工艺方案确定后，就需要根据零件的几何尺寸、加工线路等，计算刀具中心运动轨迹，以获得刀位数据。数控系统一般均具有直线插补与圆弧插补功能，对于加工由圆弧和直线组成的较简单的平面零件，只需要计算出零件轮廓上相邻几何元素交点或切点的坐标值，得出各几何元素的起点、终点、圆弧的圆心坐标值等，就能满足编程要求。当零件的几何形状与控制系统的插补功能不一致时，就需要进行较复杂的数值计算，一般需要使用计算机辅助计算，否则难以完成。

（3）编写零件加工程序

在完成上述工艺处理及数值计算工作后，即可编写零件加工程序。程序编制人员使用数控系统的程序指令，按照规定的程序格式，逐段编写加工程序。程序编制人员只有对数控机床的功能、程序指令及代码十分熟悉，才能编写出正确的加工程序。

（4）程序检验

将编写好的加工程序输入数控系统，就可控制数控机床的加工动作。一般在正式加工之前，要对程序进行检验。通常可采用机床空运转的方式，来检查机床动作和运动轨迹正确性，以检验程序。在具有图形模拟显示功能的数控机床上，可通过显示走刀轨迹模拟刀具对工件的切削过程，对程序进行检查。对于形状复杂和要求高的零件，也可采用铝件、塑料或石蜡等易切材料进行试切来检验程序。通过检查试件，不仅可确认程序是否正确，还可知道加工精度是否符合要求。若能采用与被加工零件材料相同的材料进行试切，则更能反映实际加工效果，当发现加工的零件不符合加工技术要求时，可修改程序或采取尺寸补偿等措施。

2. 数控程序编制的方法

数控加工程序的编制方法主要有两种：手工编制程序和自动编制程序。

（1）手工编程

一般对几何形状不太复杂的零件，所需的加工程序不长，计算比较简单，用手工编程比较合适。

手工编程的特点：耗费时间较长，容易出现错误，无法胜任复杂形状零件的编程。据国外资料统计，当采用手工编程时，一段程序的编写时间与其在机床上运行加工的实际时间之比，平均约为 30∶1。而数控机床不能开动的原因中有 20%～30% 是由于加工程序编制困难，编程时间较长。

（2）计算机自动编程

自动编程是指在编程过程中，除了分析零件图样和制定工艺方案由人工进行外，其余工作均由计算机软件辅助完成。

采用计算机自动编程时，数学处理、编写程序、检验程序等工作是由计算机自动完成的，由于计算机可自动绘制出刀具中心运动轨迹，使编程人员可及时检查程序是否正确，需要时可及时修改，以获得正确的程序。而且计算机自动编程代替程序编制人员完成了繁琐的数值计算，可提高编程效率几十倍乃至上百倍，因此解决了手工编程无法解决的许多复杂零件的编程难题。因而，自动编程的特点就在于编程工作效率高，可解决复杂形状零件的编程难题。

二、数控编程的格式

1. 程序的格式

编写加工程序就是按机床动作和刀具路线的实际顺序书写控制指令。把按顺序排列的各指令称为程序段。为了进行连续的加工，需要很多程序段，这些程序段的集合称为程序。为识别各程序段所加的编号称为顺序号，而为识别各个程序所加的编号称为程序号。一个完整的程序，一般由程序号、程序内容和程序结束三部分组成。其格式如下：

程序号　　　　O0100；

程序内容

N010 T0101 M03 S800；

N020 G00 X46. Z2. ；

N030 G01 Z－52. F0. 2；

N040 X48. 625

N050 Z－60. ；

N060 X85. ；

N070 G00 X100. Z100. M05；

程序结束　　　N080 M30；

程序号用作加工程序的开始标识。每个工件加工程序都有自己专用的程序号。不同的数控系统，程序号地址码也不相同，常用的有％、P、O 等符号，编程时一定要按照系统说明书的规定去指定，写成％8、P10、O0001 等形式，否则系统不识别。程序内容由加工顺序、刀具的各种运动轨迹和各种辅助动作的若干个程序段组成。结束符号表示加工程序结束，在 Fanuc 系统中用 M02 表示。若需程序返回至程序开始处，则需使用 M30 指令。

程序段中的各坐标数值输入时应至少带一位小数，每段程序最后应加"；"以示此段程序结束。

2. 程序段的格式

一个程序段定义一个将由数控装置执行的指令行。程序段的格式定义了每个程序段中功能字的句法，其结构如图 1—3—2 所示。

3. 程序指令字的格式

一个指令字是由地址符（指令字符）和带符号（如定义尺寸的字）或不带符号的数据组成的（如准备功能字 G 代码）。程序中不同的指令字符及其后的数据确立了每个指令字符的

13

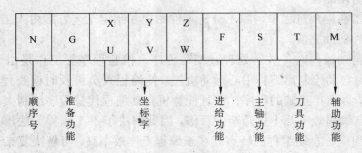

图 1—3—2　程序段的格式

含义，在数控程序段中包含的常用地址见表 1—3—1。

表 1—3—1　　　　　　　　　指令字符一览表

功能	指令字符	意义
程序号	O	程序编号（0～9999）
程序段顺序号	N	程序段顺序号（N0～N…）
准备功能	G	指令动作方式（如直线、圆弧等）
尺寸字	X, Y, Z, D, V, W, A, B, C	坐标轴的移动
	R	圆弧半径、固定循环的参数
	I, J, K	圆心坐标
进给功能	F	进给速度制定
主轴功能	S	主轴转速指定
刀具功能	T	刀具编号选择
辅助功能	M	机床开、关及相关控制
暂停	P, X	暂停时间指定
子程序号指定	P	子程序号指定
重复次数	L	子程序的重复次数
参数	P, Q, R, U, W, I, K, C, A	车削复合循环参数
倒角控制	C, R	自动倒角参数

三、数控车床编程基本功能指令

数控机床在编程时，对加工过程中的各个动作，如机床主轴的开、停、换向，刀具的进给方向，冷却液的开、关等，都要用指令的形式给予规定，这类指令称为功能指令。数控程序所用的功能指令，主要有准备功能 G 指令、辅助功能 M 指令、进给功能 F 指令、主轴转速功能 S 指令和刀具功能 T 指令等几种。在数控编程中，用各种 G 指令和 M 指令来描述工艺过程和运动特征。现国际上广泛采用 ISO－1056－1975E 标准，我国等效采用该标准制定了 JB/T 3028—1999 标准。

　　1. 准备功能 G 指令

　　准备功能指令又称 G 指令或 G 代码，它是建立机床或控制数控系统工作方式的一种指令。这类指令在数控装置插补运算之前需预先规定，为插补运算、刀具补偿运算、固定循环等做好准备。G 指令由字母 G 和其后两位数字组成。表 1—3—2 为数控车床常用的指令的列表。

表 1—3—2　　　　　　　　　　　　数控车床常用的 G 指令

G 代码	组	功能	G 代码	组	功能
* G00		定位（快速移动）	G55		选择工件坐标系 2
G01		直线切削	G56		选择工件坐标系 3
G02	01	圆弧插补（CW，顺时针）	G57	14	选择工件坐标系 4
G03		圆弧插补（CCW，逆时针）	G58		选择工件坐标系 5
G04	00	暂停	G59		选择工件坐标系 6
G20	06	英制输入	G70		精加工循环
G21		公制输入	G71		内外径粗切循环
G27		检查参考点返回	G72		台阶粗切循环
G28		从参考点返回	G73		成形重复循环
G29	00	从参考点返回	G74	00	Z 向进给钻削
G30		回到第二参考点	G75		X 向切槽
G32	01	切螺纹	G76		切螺纹循环
* G40		取消刀尖半径偏置	G90		（内外直径）切削循环
G41	07	刀尖半径偏置（左侧）	G92	01	切螺纹循环
G42		刀尖半径偏置（右侧）	G94		（台阶）切削循环
G50		主轴最高转速设置（坐标系设定）	G96	02	恒线速度控制
G52	00	设置局部坐标系	* G97		恒线速度控制取消
G53		选择机床坐标系	G98	05	指定每分钟移动量
* G54	14	选择工件坐标系 1	* G99		指定每转移动量

　　注：1. 有标记"＊"的指令为开机时即已被设定的指令。

　　　　2. 属于"00 组别"的 G 码属非模态指令，它们的指令只能在一个程序段中有作用。

　　　　3. 一个程序段中可使用若干个不同组群的 G 指令，若使用一个以上同组群的 G 指令则最后一个 G 代码有效。

　　G 指令从功能上可分三种：

　　一是加工方式 G 代码，执行此类 G 代码时机床有相应动作。如表 1—3—2 中 01 组中指令，在编程格式上必需指定相应坐标值，如"G01 X60. Z0"。

　　二是功能选择 G 代码，相当于功能开与关的选择，编程时不用指定地址符。如表 1—

3—2 中 05 组、02 组、06 组中的指令，当要以公制尺寸编程时在程序段输入"G21"即可。数控机床通电后具有的内部默认功能一般有设定绝对坐标方式编程、使用米制长度单位量纲、取消刀具补偿、主轴和切削液泵停止工作等状态作为数控机床的初始状态。

三是参数设定或调用 G 代码，如 G50 坐标设定指令，执行时只改变系统坐标参数；如 G54 执行时只调用系统参数，机床不会产生动作。

2. 辅助功能 M 指令

辅助功能指令又称 M 指令或 M 代码。这类指令的作用是控制机床或系统的辅助功能动作，如冷却泵的开、关；主轴的正转、反转；程序结束等。在同一程序段中，若有两个或两个以上辅助功能指令，则读后面的指令。M 指令由字母 M 和其后两位数组成。Fanuc—0i 系统常用辅助功能指令，见表 1—3—3。

表 1—3—3　　　　　　　　　　　　数控车床常用的 M 指令

M 功能	含义	M 功能	含义
M00	程序停止	M08	切削液开
M01	计划停止	M09	切削液关
M02	程序结束	M30	程序结束并返回开始处
M03	主轴顺时针旋转	M98	调用子程序
M04	主轴逆时针旋转	M99	子程序返回
M05	主轴旋转停		

3. 工艺指令 F，S，T

一个标准的程序除了必须应用 G 指令和 M 指令外，编程时还应有 F 功能、S 功能、T 功能。

（1）F 功能也称进给功能，其作用是指定刀具的进给速度。程序中用 F 和其后面的数字组成，F 码可用每分钟进给 G98 和每转进给 G99 指令来设定进给单位。

（2）S 功能也称主轴转速功能，其作用是指定主轴的转动速度。程序中用 S 和其后的数字组成。

（3）T 功能也称为刀具功能，其作用是指定刀具号码和刀具补偿号码。程序中用 T 和其后的数字表示，依据机床装刀数的不同可采用二位或四位数字。

任务实施

一、典型零件的加工工艺

加工如图 1—3—3 所示零件，毛坯 $\phi 52$ mm 长棒料，要求一次装夹并切断。

1. 工艺分析

（1）零件外形复杂，需加工螺纹、锥体、凹凸圆弧、切槽及倒角。

（2）因要求一次装夹完成并用一个程序完成，左端 $\phi 40$ mm×12 mm 的外圆台不能用外圆刀加工，可用切刀做宽槽处理。

（3）根据图形形状选用刀具

T01 外圆粗车刀：加工余量大，且有凹弧面，要求副偏角不发生干涉。

T02 外圆精车刀：菱形刀片，刀尖圆弧 0.4 mm，副偏角＞35°。

T03 切槽刀：刀宽等于或小于 5 mm。

T04 螺纹刀：600°硬质合金。

（4）坐标计算：根据选用的指令，此零件如用 G01，G02 指令编程，粗加工路线复杂，尤其圆弧处计算和编程繁琐；如用 G71 指令，凹圆弧处毛坯不能一次处理；适宜用 G73 和 G70，编程时只要依图形得出精车外形各坐标点即可。

2. 工艺及编程路线。

工艺及编程路线如图 1—3—3 所示。

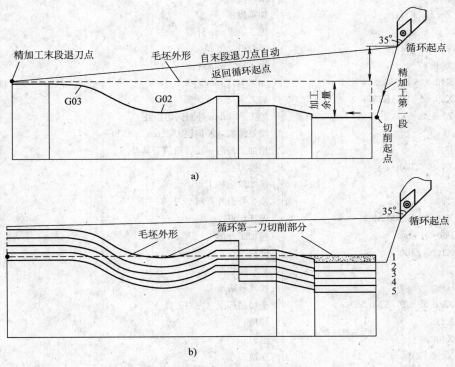

图 1—3—3　G73 加工编程路线

a）编程路线　b）外形切削路线

（1）1 号刀用平端面。

（2）1 号刀用 G73 指令粗加工外形（除两外槽）。

（3）2 号刀用 G70 指令精加工外形（除两外槽）。

（4）3 号刀用 G01 指令切槽 5 mm×1.9 mm。

（5）4 号刀用 G76 指令加工螺纹。

（6）3 号刀用 G75 指令切 φ50 mm×12 mm。

（7）3 号刀用 G01 指令切断。

3. 参考程序。

表 1—3—4　　　　　　　　　　　　　　轴类零件加工程序

O0001;	程序名
N1;	第 1 程序段号（粗加工段）
N010 G99 T0101 M03 S800;	换 1 号外圆刀，主轴正转，转速 800 r/min
N020 G00 X100. Z100. M08;	快速走到中间安全点冷却液开
N030 G00 X60. Z2. ;	退刀点
N040 G73 U14. R5;	外形复合循环加工，X 向切削余量半径值 14 mm，循环次数 5 刀
N050 G73 P60 Q180 U1. 0 W0. 1 F0. 2;	精加工程序段 N060~180，X 向余量 1 mm，Z 向 0.1 mm
N060 G00 G42 X22. Z1. S1000;	精加工第一段
N070 G01 X25. 8 Z−1. F0. 1. ;	倒角
N080 Z−19. ;	加工螺纹外圆
N090 X28. ;	锥体起点
N100 X36. Z−31. 617;	加工锥体
N110 Z−43. ;	加工 φ36 mm 外圆
N120 X42. ;	平台阶
N130 Z−49. 967;	加工 φ42 mm 外圆
N140 G02 X42. 248 Z−84. 224 R31. ;	加工 R31 mm 圆弧
N150 G03 X50. Z−97. R23. ;	加工 R23 mm 圆弧
N160 G01 Z−120. ;	加工 φ50 mm 外圆到切断处
N170 U1. ;	增量编程，X 向退刀 1 mm（X51）
N180 G40 U1. ;	精加工最后一段，取消刀具补偿
N190 G00 X100. Z100. ;	回换刀点
N2;	第 2 段精加工
N200 T0202;	换 2 号刀外圆精车刀
N210 G00 X60. 2S. S1000 M03	循环起点
N220 G70 P60 Q180;	精加工外形
N230 G00 X100. Z100. ;	回换刀点
N3;	第三段切槽
N240 T0303;	换 3 号切槽刀
N250 G00 X30. Z−19. S500 M03;	至切槽起点（左对刀点）
N260 G01 X22. ;	切槽
N270 G00 X30. ;	退刀
N280 G00 X100. Z100. ;	回换刀点
N4;	第 4 段车螺纹
N290 T0404;	换 4 号螺纹刀
N300 G00 X35. Z6. S500 M03;	螺纹循环起点
N310 G76 P010060 Q100 R0. 1;	螺纹切削复合循环
N320 G76 X24. 05 Z−16. 5 P975 Q500 F1. 5;	小径 24. 05 mm，牙深 0.975 mm，第一刀切深半径值 0.5 mm
N330 G00 X100. Z100. ;	回换刀点
N5;	第 5 段切槽
N340 T0303;	换切槽刀
N350 G00 X55. Z10. S500 M03;	起点
N360 X51. Z−109. ;	切宽槽起点（左对刀点，刀宽 5 mm）

N370 G75 R1.;	退刀量1
N380 G75 X40.05 Z−120. P5000 Q4000 F0.1;	外径沟槽复合循环，槽底 X40，终点坐标 Z−120，切深 5 mm，Z 向移动间距 4 mm
N390 G01 W2.5F0.2;	倒角延长起点（左刀点 X51 Z−105.5）
N400 U−3. W−1.5 F0.1;	倒 ϕ50 mm 外圆左端角
N410 X40.;	平台阶端面
N420 Z−120;	精加工 ϕ40 mm 外圆
N430 X36.;	切断第一刀（为倒角做准备）
N440 X41. F0.3;	退出
N450 W2.5;	Z 向右移动 2.5 mm 到倒角延长起点
N460 U−5. W−2. F0.1;	倒 ϕ40 mm 外圆左端角
N470 X0;	切断
N480 G00 X55.;	退刀
N490 X100. Z100.;	快速回可换刀点
N500 M05;	主轴停
N510 M09;	切削液关
N520 M30;	程序结束

课题四　Fanuc 系统操作面板

学习目标
- ◆ 熟悉 Fanuc 数控车床的操作面板；
- ◆ 输入工件加工程序。

任务引入

　　Fanuc 0i−TC 数控系统操作面板如图 1—4—1 所示，由 CRT/MDI 操作面板和用户操作面板两大部分组成。

任务分析

　　图 1—4—1 中 A 为 CRT/MDI 操作面板，由 CRT 显示部分和 MDI 键盘构成。它由 Fanuc 系统厂家生产，在 Fanuc 系列中面板操作基本相同。至于用户操作面板（图 1—4—1 中 B 和 C），由于生产厂家的不同，按键和旋钮的设置上有所不同。但功能应用大同小异，针对不同厂家的数控机床操作时要灵活掌握。

相关知识

一、CRT 显示器及软键区

　　CRT 显示器是人机对话的窗口，如图 1—4—2 所示，可显示车床的各种参数和状态，

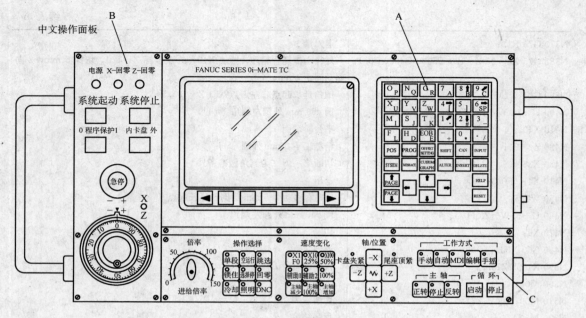

图 1—4—1 Fanuc 0i—TC 数控系统操作面板

A—数控系统操作面板 B—机床操作小面板 C—机床操作触摸面板

如车床参考点坐标、刀具起点坐标、输入数控系统的指令数据、刀具补偿量的数值、报警信号、自诊断结果等。在 CRT 显示器的下方有软键操作区，共有 7 个软键，用于各种 CRT 画面的选择。

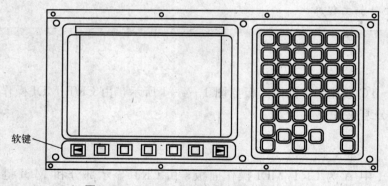

图 1—4—2 CRT/MDI（LCD/MDI）单元

二、MDI 键盘的布局及其各键功能

1. MDI 键盘的布局及各键名称

如图 1—4—3 所示为 Fanuc 0i—TA 系统 MDI 键的布局，各键的名称和功能见表 1—4—1。

2. 功能键和软键

功能键用于选择屏幕的显示功能类型。按了功能键以后，一按软键（节选或称复选择软键），与已选功能相对应的屏幕（节）就被选中。

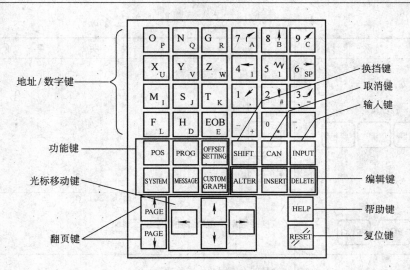

地址 / 数字键

功能键

光标移动键

翻页键

换挡键

取消键

输入键

编辑键

帮助键

复位键

图 1—4—3 MDI 键盘功能说明

表 1—4—1 MDI 键盘功能说明

序号	名称	说明
1	复位键 RESET	按此键可使 CNC 复位，用以清除报警等
2	帮助键 HELP	按此键用来显示如何操作机床，如 MDI 键的操作，可在 CNC 发生报警时提供报警的详细信息（帮助功能）
3	软键	根据其使用场合，软键有各种功能 软键功能显示在 CRT 屏幕的底部
4	地址和数字键 N Q 4	按这些键可输入字母、数字以及其他字符
5	换挡键 SHIFT	在有些键的顶部有两个字符，按（SHIFT）键来选择字符。当一特殊字符 E 在屏幕上显示时，表示键面右下角的字符可以输入
6	输入键 INPUT	当按了地址键或数字键后，数据被输入到缓冲器，并在 CRT 屏幕上显示出来。为了把键入到输入缓冲器中的数据拷贝到寄存器，按 INPUT 键 这个键相当于软键的 "INPUT" 键，按此两键的结果是一样的
7	取消键 CAN	按此键可删除已输入缓冲器的最后一个字符或符号 当显示键入缓冲器数据为 2＞N00，按下 CAN 键，则字符 Z 被取消，并显示 g＞N001X100

续表

序号	名称	说　明
8	程序编辑键 ALTER INSERT DELETE	当编辑程序时按这些键 ALTER 替换 INSERT 插入 DELETE 删除
9	功能键 POS PROG	按这些键用于切换各种功能显示画面
10	光标移动键 ← ↑ ↓ →	这是四个不同的光标移动键 → 用于将光标朝右或前进方向移动。在前进方向光标按一段短的单位移动 ← 用于将光标朝左或倒退方向移动。在倒退方向光标按一段短的单位移动 ↓ 用于将光标朝下或前进方向移动。在前进方向光标按一段大尺寸单位移动 ↑ 用于将光标朝上或倒退方向移动。在倒退方向光标按一段大尺寸单位移动
11	翻页键 PAGE↑ PAGE↓	PAGE↑ 这个键是用于在屏幕上朝前翻页 PAGE↓ 这个键是用于在屏幕上朝后翻页

功能键共有六种类型，各功能键的用途如下：

【POS】键：按此键显示位置画面。

【PROG】键：按此键显示程序画面。

【OFFSET SETTING】键：按此键显示刀偏/设定（SET-TING）画面。

【SYSTEM】键：按此键显示系统画面。

【MESSAGE】键：按此键显示信息画面。

【CUSTOM GRAPH】键：按此键显示用户宏画面（会话式宏画面）或图形显示画面。

三、Fanuc 0i－TC 数控系统用户操作面板

此面板是由机床厂家根据机床功能和结构自行配置，在按键排列和表现形式上各不相同。一般主要功能由监控灯和操作键组成，对机床和数控系统的运行模式进行设置和监控。急停键、进给倍率旋钮、主轴增加或减少按钮、启停键、手摇脉冲发生器等实现对机床和数控系统的控制。

1. 机床操作小面板（图1—4—4）

（1）急停键：在车床手动或自动运行期间，发生紧急情况时，按下此键，车床立即停止运行，如主轴停转、刀具停止移动，切削液关等。松开时，顺时针方向转动此按钮即可弹起恢复正常。

（2）电源开关：电源通电后指示灯亮。

（3）回零指示灯：机床返回参考点回零灯亮。

（4）系统启动键：在车床电源通电时，按系统启动键后，接通NC系统电源。

（5）系统停止键：在车床停止工作时，按系统停止键后，系统断电。

（6）程序保护开关：用钥匙开关保护程序不被修改。

（7）手摇脉冲发生器：通常称手轮。在手摇方式下，转动手轮，使车床X、Z轴按相应点动位移量移动。

2. 机床操作触摸面板（见图1—4—5）

（1）工作方式选择

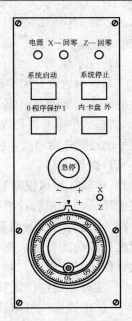

图1—4—4　机床操作小面板

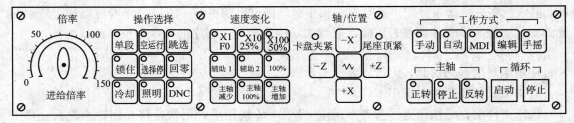

图1—4—5　机床操作触摸面板

数控系统共有5种工作方式，可用工作方式选择开关或按钮选择，CKA6150机床采用触摸面板按键。

1）编辑方式　在程序保护开关通过钥匙接通的条件下，可以编辑、修改、删除或传输工件加工程序。

2）自动方式　在已事先编辑好的工件加工程序的存储器中，选择好要运行的加工程序，设置好刀具偏置值。在防护门关好的前提下，按下循环启动按钮，机床就按加工程序运行。若使机床暂停，按下进给保持按钮，如有意外事件发生，按下紧急停止按钮。

3）MDI方式　MDI方式也叫手动数据输入方式，它具有从CRT/MDI操作面板输入一个程序段的指令并执行该程序段的功能。

4）JOG方式　JOG方式也叫手动方式。通过X、Z轴方向移动按钮，实现两轴各自的连续移动，并通过进给倍率开关选择连续移动的速度。而且还可按下快速按钮，实现快速连续移动。

5）手轮/单步方式　只有在这种方式下，手摇脉冲发生器（手轮）才起作用。通过按钮开关选择X、Z方向，同时选择好手轮的倍率。在这种方式下，也能实现单步移动功能，通

23

过 X、Z 轴方向移动按钮，按下其中选择好的轴移动按钮，就按 X1，X10，X100 选择的单位之一移动。

（2）进给倍率

当系统参数设定为手动连续进给，进给速度为 1 500 mm/min。设定为手动慢速进给执行 G01 指令的速度调整，0%～150%执行程序时配合空运行按钮，速度调整由 0～2 250 mm/min。当进给倍率开关切换到"0"时，LCD 上将出现"FEED ZERO"的警示信息。系统参数设定手动连续进给速度，可以根据客户要求适当调节，但最好不要大于 1 500 mm/min。

（3）操作选择

1）单段　单段仅对自动方式有效。灯亮时有效，执行完一个程序段，机床停止运行。若按循环启动按钮后，再执行一个程序段，机床运动又停止。

2）空运行　仅对自动方式有效，机床以恒定进给速度运动而不执行程序中所指定的进给速度。该功能可用来在机床不装工件的情况下检查机床的运动。通常在编辑加工程序后，试运行程序时使用。

3）跳选　跳过任选程序段或附加任选程序段，仅对自动方式有效。

4）机床锁住　机床锁住可以在不移动机床的情况下监测位置显示的变化。所有轴机床锁住信号或某个轴机床锁住信号有效，在手动运行或自动运行中，停止向伺服电机输出脉冲，但依然在进行指令分配，绝对坐标和相对坐标也得到更新，所以操作者可以通过观察位置的变化来检查指令编制是否正确。通常该功能用于加工程序的指令和位移的检查。

5）回零（选项）

使用绝对值编码器时，无需回零。

有机械式回零开关时选用。

机床工作前，必须作返回参考点。按+X、+Z 按钮后，用快速移动回零点之后，以一定速度移向参考点。机床回零时，要求先 X 轴，后 Z 轴，防止刀台等碰撞尾架。先 Z 轴回零，会出现报警提醒用户。回零按钮按下时，回零指示灯亮，回零方式起作用。可以用自动、编辑、MDI、JOG、手摇等方式取消回零方式。

6）轴选　轴选择开关，用于手摇进给时 X、Z 轴选择。

7）冷却按钮　CNC 启动后，可通过冷却按钮控制冷却的开与停。

8）照明按钮　CNC 启动后，可通过照明按钮控制照明的开与关。

9）DNC 运行　由于模具加工时的编程可能属于三维实体，加工程序很长，容量有几十至几百兆，故只能存放在计算机硬盘中。当需要加工时，利用电缆连接计算机和数控系统的 RS232 口，通过 DNC 软件把加工程序一部分、一部分地传递给数控系统。机床运行完一部分程序后，会请求计算机再发送一部分，这就是所谓的 DNC 运行。

（4）速度变化×1、×10、×100

手轮进给方式下，在待移动的坐标轴通过手轮进给轴选择信号选择定后，旋转手摇脉冲发生器，可以使机床进行微量移动。

×1：在手轮进给方式下，×1 按钮按下，×1 指示灯亮，手轮进给单位为最小输入增量×1。×1 表示手轮旋转一刻度时机械移动距离为 0.001 mm。

×10：在手轮进给方式下，×10 按钮按下，×10 指示灯亮，手轮进给单位为最小输入增量×100。×10 表示手轮旋转一刻度时机械移动距离为 0.01 mm。

　　×100：在手轮进给方式下，×100 按钮按下，×100 指示灯亮，此时手轮进给单位为最小输入增量 ×1000。×100 表示手轮旋转一刻度时机械移动距离为 0.1 mm。

　　（5）循环启动按钮　在自动方式下，按下循环启动按钮，CNC 开始执行一个加工程序或单段指令。按下循环启动按钮时，CNC 系统和机床必须满足一定的必要条件，如机床必须在加工原点等。

　　（6）进给保持按钮　在自动方式下，按下按钮，CNC 将暂时停止一个加工程序或单段指令。当按下 LCD/MDI 面板的复位键后，则终止程序暂停状态。

　　（7）主轴转速比调整开关　主轴降速、主轴速度 100%、主轴升速（变频主轴选用）

　　主轴速度必须先在自动方式下执行 S 码。主轴速度在自动方式下，由调整开关上的百分比调整主轴转速。MDI 方式下，主轴转速比调整开关也有效。

　　主轴降速范围：主轴速度可以从 150% 降到 60%。

　　主轴速度 100%：此按键有效时，执行 S 码的转速。

　　主轴升速范围：主轴可以达到执行 S 码的 150%。

任务实施

一、程序的输入、检索、检查及修改

　　1. 程序的输入

　　将编制好的加工程序输入到数控系统中去，以实现数控车床对工件的自动加工。程序输入方法有两种。一种方法是通过 MDI 键盘手动输入，另一种方法是通过网络通讯接口输入。使用 MDI 键盘输入程序的操作方法为：

　　（1）用钥匙打开程序保护开关；

　　（2）选择编辑（EDIT）方式，按键灯亮；

　　（3）按程序键（PROG），用 MDI 键盘上的地址/数字键，输入程序号 O××××。按插入键（INSERT），程序名被输入；

　　（4）按结束键（EOB），再按插入键（INSERT），则程序结束符号";"被输入；

　　（5）用 MDI 方法依次输入各程序段，每输入一个程序段，按结束键（EOB），再按 IN-SERT，直到完成全部程序段的输入。

　　2. 程序的检索

　　（1）单个程序的检索

　　1）设置方式为编辑（EDIT）或自动（AUTO），相应的按键灯亮。

　　2）按程序键（PROM）。

　　3）用 MDT 键盘上地址/数字键，输入程序号地址 O。

　　4）用 MDI 键盘上地址/数字键，输入程序号数字 xxxx。

　　5）按光标移动键（↓）后，CRT 屏幕上显示存储器中被检索的程序，同时光标在该程序名下闪烁。

　　（2）所有程序的检索

1）设置方式为编辑（EDIT）或自动（AUTO），相应的按键灯亮。

2）按程序键（PROM）。

3）用 MDI 键盘上地址/数字键，输入程序号地址。

4）按光标移动键（↓）后，CRT 屏幕上显示存储器中的第一个程序，同时光标在该程序名下闪烁。

5）连续重复操作 3）～4）步骤，被存储的程序会按存储顺序一个一个地被显示，被存储的程序全部显示后，返回第一个程序显示。

3. 程序的检查

对于已输入到存储器中的程序必须进行检查，并对检查中发现的程序指令、坐标值等错误进行修改，待加工程序完全正确，再进行实际加工操作。程序检查的操作方法有三种：

（1）车床功能和辅助功能锁定法

1）进行手动返回车床参考点操作。

2）选择自动（AUTO）方式，按键灯亮。

3）按下车床锁定键，按键灯亮。

4）按程序键（PROM），用 MDI 方法输入被检查程序的程序名，按光标移动键（CURSOR↓）后，CRT 屏幕上显示存储器中被检查的程序。

5）按"循环启动"，程序被执行，观察 CRT 屏幕上坐标值的变化是否正确，注意：锁定键功能被释放后，需要重新执行返回参考点操作。

（2）单程序段法

1）进行手动返回车床参考点操作。

2）选择自动方式，按键灯亮。

3）设置进给倍率波段旋钮的位置。

4）按下单程序段键，按键灯亮。

5）按程序键（PROM），用 MDI 方法输入被检查程序的程序名。

6）按位置键（POS），CRT 屏幕上显示机床坐标位置画面。

7）按循环启动键，按键灯亮。车床执行完第一段程序后停止运行，循环启动按键灯熄灭。

8）此后，每按一次循环启动键，程序就往下执行一段，直到整个程序执行完毕。

（3）图形轨迹检查

1）进行手动返回车床参考点操作。

2）设置方式为自动位置，按键灯亮。

3）车床锁定键。

4）按下 GRAPH 键。

5）按循环启动键（CYCLE START），按键灯亮。开始自动运行，CRT 屏幕上同时显示坐标位置和刀具轨迹路线图。

4. 程序的修改

（1）用钥匙打开程序保护开关。

（2）选择编辑（EDIT）方式，按键灯亮。

（3）按程序键（PROM），用 MDI 方法输入被修改程序的程序名，按光标移动键（↓）后，CRT 屏幕显示存储器中被修改的程序。

（4）按光标移动键，在当前的画面移动光标到要编辑的位置。若后面的画面有修改编辑的地方，可按翻页键（PAGE），再移动光标到要编辑的位置。

（5）程序编辑的操作，若将光标移到要更改的字符下面，使用地址/数字键，输入要更正的新字符后，按修改（ALTER）键，即可完成错误字符的修改。

二、刀具补偿值的输入和修改

为保证加工精度和编程方便，在加工过程中必须进行刀具位置补偿。每一把刀具的补偿量都要在车床运行加工前输入到数控系统中，以便在程序的运行中自动进行补偿。

1. 刀具几何形状补偿值的输入

当试切削工件并测量出当前外形或长度尺寸后，其输入操作的方法为：

（1）按刀偏设置键（OFFSET/SETTING），CRT 屏幕上显示刀具补偿画面。

（2）按"形状"键，出现"工具补正/形状"画面。

（3）按光标移动键，将光标移到与刀具号对应的"补偿"行上。

（4）X 补正参数的输入：键入 X 及外圆直径值，如"X50.25"，按软键（测量）。

（5）Z 补正参数的输入：键入 Z 及长度值，如"Z0"按软键（测量）。

（6）R 值的输入：将光标移动到对应的 R 列中，输入数值如"0.8"，再按输入键（IN-PUT）。

（7）T 值的输入：将光标移动到对应的 T 列中，输入数值，如"3"，再按输入键（IN-PUT）。

2. 刀具补偿值的修改

修改刀具补偿值的操作方法如下：

（1）按刀偏设置键（OFFSET/SETTING），CRT 屏幕上显示刀具补偿值画面。

（2）按"补偿"软键。

（3）按光标移动键，将光标移到刀具号对应的"补偿"行上。

（4）如加工后外径值比要求尺寸大 0.3 mm，则将光标移至相应 X 列中，按数字"−0.3"，再按软键"输入"，CRT 屏幕上即可显示−0.3。

（5）修改已输入补偿值：如将−0.3 改为−0.2，一是按"−0.2"再按软键"输入"；二是输入数字"0.1"再按软键"＋输入"即可。

三、数控车床的自动运行操作

1. 车床的储存器运行操作

数控车床的储存器运行，是指工件的加工程序和刀具的补偿值已预先输入到数控系统的储存器中，经检查无误后，进行车床的自动运行。其操作方法如下：

（1）设置进给倍率波段旋钮到适当位置，一般置 100%；

（2）选择自动（AUTO）方式；

（3）用 MDI 键盘上的地址/数字键，输入运行程序的程序名，按光标移动键（↓）；

27

（4）按循环启动键（CYCLE START），按键灯亮，车床开始自动运行。

2. 车床的 MDI 运行操作

数控车床的 MDI 运行是用 MDI 操作面板输入一个程序段的指令并执行该程序段。其操作方法如下：

（1）设置方式为手动数据输入（MDI）位置；

（2）按程序键（PROM），CRT 屏幕左上角显示 MDI；

（3）分别用 MDI 键盘上的地址/数字键，输入运行程序段的所有内容，按输入键（IN-PUT）；

（4）按循环启动键（CYCLE START）后，循环启动按键灯亮，车床开始自动运行该程序段。

思考与练习

1. 数控车床与普通车床相比，具有哪些加工特点？

2. 数控车床主要由哪几部分组成？各部分的作用是什么？

3. 为什么车削加工过程中要划分粗、精加工阶段？

4. 数控车床的坐标系是怎样规定的？运动方向是怎样规定的？

5. 机床零点和机床参考点有什么不同？

6. 简述工件坐标系与机床坐标系的关系。

7. 数控程序的编制工作主要包括哪些方面的内容？

8. 简述 S 代码、T 代码、F 代码、M 代码的功能。

9. 数控车床加工零件时为什么需要对刀？简述试切法对刀的过程。

10. 开机后要进行哪些操作，才能使机床自动加工零件？

模块二

轴类零件的编程与加工

课题一 简单轴类零件的编程与加工

学习目标

◆ 能够对简单轴类零件进行数控车削工艺分析；

◆ 会选择轴类零件加工常用的刀具；

◆ 掌握 G00、G01、G90 的应用及手工编程方法；

◆ 掌握常用的一种对刀方法，完成一把刀的正确对刀；

◆ 操作 Fanuc—0i 系统，完成零件的加工。

任务引入

加工如图 2—1—1 所示工件，毛坯是直径 ϕ50 mm 的 45#圆钢材料，有足够的夹持长度，单件生产，采用数控车床加工。对 ϕ38 mm 外圆的直径尺寸和长度尺寸有一定的精度要求。

任务分析

该零件外形较简单，需要加工端面、台阶外圆并切断。工艺处理与普通车床加工工艺相似。

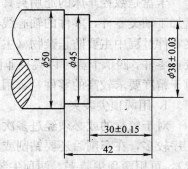

图 2—1—1 简单轴类零件

相关知识

轴类零件是适宜车削加工的主要零件，它在机器中应用最为广泛，主要用来支撑传动零部件、传递扭矩和承受载荷，如机床中的主轴、齿轮轴等。对它们的机械性能要求具有较高的强度与较好的韧性、较高的疲劳抗力和轴颈耐磨性。轴类零件是旋转体零件，其长度大于直径，轴的长颈比小于 5 mm 的称为短轴，大于 25 mm 的称为细长轴，大多数轴介于两者之间。轴类零件加工表面通常由内外圆柱面、内外圆锥面、端面、台阶面、螺纹、键槽、花键、横向孔及沟槽等组成。根据零件的结构形状和用途，轴类零件可分为光轴、空心轴、台阶轴、偏心轴和曲轴等，如图 2—1—2 所示。

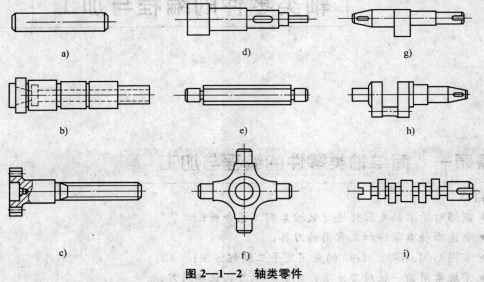

图 2—1—2　轴类零件
a) 光轴　b) 空心轴　c) 半轴　d) 台阶轴
e) 花键轴　f) 十字轴　g) 偏心轴（一）　h) 曲轴　i) 偏心轴（二）

一、工件的装夹方案

卡盘是数控车床的通用夹具，卡盘分为三爪自定心卡盘和四爪卡盘。使用三爪自定心卡盘加工轴类零件，零件的轴心线与卡盘的中心线重合，一般不需要找正，装夹速度快，在装夹零件过程中主要防止杂物（主要是切屑）夹在卡爪和工件中间。使用四爪卡盘时需要人工校正零件，四爪卡盘可以夹持非圆柱形的零件，或者被夹持部分与加工部分不同轴的零件。对于精度要求较高的零件，常用以下装夹方法：

1. 用两顶尖装夹

对于较长的或必须经过多次装夹才能加工完成的工件。如长轴、长丝杠等零件的车削，工序较多，在车削后还要钻削或磨削的工件，为了保证每次装夹时的装夹精度（如同轴度要求），可用两顶尖装夹。两顶尖装夹工件方便，不需找正，装夹精度高。

数控加工用两顶尖装夹工件，必须先在工件端面钻出中心孔。

2. 用一顶一夹安装

批量加工较长轴类零件时，采用一顶一夹方法更合理。用两顶尖装夹工件虽然精度高，但刚性较差，影响切削用量的提高。因此，车削一般轴类工件，尤其是较重的工件，不能用两顶尖装夹，而用一端夹住，另一端用后顶尖顶住的装夹方法。

二、刀具的选择

数控车削刀具的特点是精度高、刚性好、装夹调整方便、切削性能强、耐用度高。合理选择刀具既能提高加工效率，又能提高产品质量。刀具选择适应考虑的主要因素有以下几点：

（1）被加工工件的材料：如金属或非金属，材料的硬度、刚性、韧性及耐磨性等。

（2）加工工艺类别：粗加工、半精加工、精加工和超精加工等。

（3）工件的几何形状、加工余量、零件的技术经济指标。

（4）刀具能承受的切削用量。

（5）机床的加工能力及零件装夹方式等。

1．外圆车刀的结构

车刀从结构上分为四种形式，即整体式、焊接式、机夹式、可转位式。加工轴类零件的车削刀具常选用焊接式车刀和可转位车刀。

（1）焊接式车刀

将硬质合金刀片用焊接的方法固定在刀体上称为焊接式。这种车刀的优点是结构简单，制造方便，刚性较好。缺点是由于存在焊接应力，使刀具材料的使用性能受到影响，甚至出现裂纹。另外，刀杆不能重复使用，硬质合金刀片不能充分回收利用，造成刀具材料的浪费。刀具各切削部分的几何形状和角度参数要由操作者手工刃磨才能获得，所以刀具的寿命和切削效果主要由刃磨质量来保证，手工刃磨车刀是操作人员的基本技能之一。图 2—1—3 所示为最常用的焊接式外圆车刀。

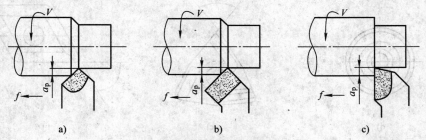

图 2—1—3　常用的焊接式外圆车刀

a）尖刀车外圆　b）45°弯头刀车外圆　c）偏刀车外圆

由于焊接式刀具的刃磨、测量和更换多为人工手动进行，又多用在经济型四刀位的数控车床上，加工稳定性和加工精度因操作者技术经验水平不同而有所差异。因此，必须合理安排刀具的排列顺序，尽量减少刀具数量，一把刀装夹后，尽量完成其所能进行的所有加工部位。同时，粗、精加工的刀具应分开使用，以保证加工精度和刀具寿命。

（2）可转位车刀

在数控车床上，高性能的刀具是加工精度和生产效率的保障。可转位刀具是将预先制造好并带有若干个切削刃的多边形刀片，用机械夹固的方法夹紧在刀体上的一种刀具。当在使用过程中一个切削刃磨钝了后,只要将刀片的夹紧松开,转位或更换刀片,使新的切削刃进入工作位置,再经夹紧就可以继续使用。其特点是刀片未经焊接,无热应力,可充分发挥刀具材料性能,耐用度高;避免了焊接刀的缺点,刀片可快换转位;节省辅助时间,生产率高;断屑稳定;刀片可涂层,特别适用于数控机床上切削,如图 2—1—4 所示。

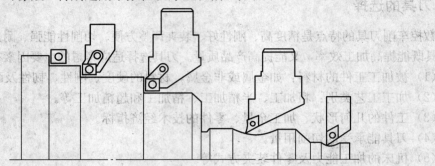

图 2—1—4 外圆可转位车刀

常用可转位车刀刀片形式,见图 2—1—5 所示,可根据加工内容和要求进行选择。

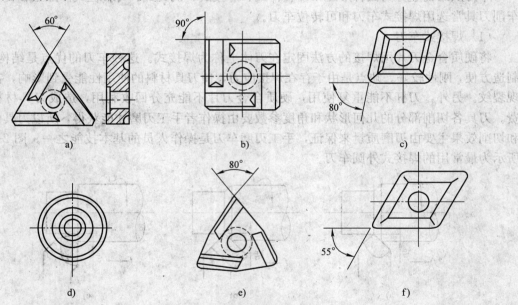

图 2—1—5 可转位车刀刀片

a) T 型 b) S 型 c) C 型 d) R 型 e) W 型 f) D 型

T 型:三个刃口,刃口较长,刀尖强度低,在普通车床上使用时常采用带副偏角的刀片以提高刀尖强度。主要用于 90°车刀。在内孔车刀中主要用于加工盲孔、台阶孔。

S 型:四个刃口,刃口较短,刀尖强度较高,主要用于 75°、45°车刀,在内孔刀中用于加工通孔。

C 型:有两种刀尖角。100°刀尖角的两个刀尖强度高,一般做成 75°车刀,用来粗车外圆、端面,80°刀尖角的两个刃口强度较高,使用时不用换刀即可加工端面或圆柱面,在内孔车刀中一般用于加工台阶孔。

R 型：圆形刃口，用于特殊圆弧面的加工，刀片利用率高，但径向力大。

W 型：三个刃口且较短，刀尖角 80°，刀尖强度较高，主要用在普通车床上加工圆柱面和台阶面。

D 型：两个刃口且较长，刀尖角 55°，刀尖强度较低，主要用于仿形加工，当做成 93°车刀时切入角不得超出 27°～30°范围；做成 62.5°车刀时，切入角不得超出 57°～60°范围，在加工内孔时可用于台阶孔。

切削刃长度：应根据背吃刀量进行选择，一般通槽形的刀片切削刃长度选≥1.5 倍的背吃刀量，封闭槽形的刀片切削刃长度选≥2 倍的背吃刀量。

刀尖圆弧：常有 0.8 mm、1.2 mm、2.4 mm 等不同规格。

刀片厚度：其选用原则是使刀片有足够的强度来承受切削力，通常是根据背吃刀量与进给量来选用的，如有些陶瓷刀片要选用较厚的刀片。

2. 车刀材料

车刀材料是指刀头部分的材料，在数控车床上加工轴类零件时常采用高速钢、硬质合金或涂层刀具。

（1）高速钢　高速钢是一种含有钨、钼、铬、钒等合金元素较多的工具钢。高速钢刀具制造简单，刃磨方便，磨出的刀刃锋利，而且韧性较好，能承受较大的冲击力。但高速钢的耐热性较差，因此不能用于高速切削，且在加工时需加注冷却液充分冷却。

1）普通高速钢　普通高速钢分为两种，钨系高速钢和钨钼系高速钢。

钨系高速钢：这类钢的典型钢种为 W18Cr4V（简称 W18），它是应用最普遍的一种高速钢。这种钢磨削性能和综合性能好，通用性强。

钨钼钢：钨钼钢是将一部分钨用钼代替所制成的钢。此种钢的优点是减小了碳化物数量及分布的不均匀性，和 W18 钢相比抗弯强度提高 17%，抗冲击韧度提高 40%以上，而且大截面刀具也具有同样的强度与韧性，它的性能也较好。缺点是高温切削性能和 W18 钢的相比稍差。

2）高性能高速钢　是在普通高速钢中增加碳、钒含量并添加钴、铝等合金元素而形成的新钢种。此类钢的优点是具有较强的耐热，在 630～650℃高温下，仍可保持 60HRC 的高硬度，而且刀具耐硬度是普通高速钢的 1.5～3 倍。它适合加工奥氏体不锈钢、高温合金、铁合金、超高强度钢等难加工材料。此类钢的缺点是强度与韧性较普通高速钢低，磨削加工性差。

（2）硬质合金　硬质合金中高熔点、高硬度碳化物含量高，因此硬质合金常温下硬度很高，达到 78～82HRC，热熔性好，热硬性可达 800～1 000℃以上，切削速度比高速钢提高 4～7 倍。硬质合金缺点是脆性大，抗弯强度和抗冲击韧性不强。抗弯强度只有高速钢的 1/3 至 1/2，冲击韧性只有高速钢的 1/4 至 1/35。

1）普通硬质合金根据其化学成分的不同，加工性能和使用范围不同，一般可分为四类：

钨钴类（WC＋Co），合金代号为 YG，对应国标 K 类。此合金钴含量越高，韧性越好，适于粗加工；钴含量低时，适于精加工。

钨钛钴类（WC＋TiC＋Co），合金代号为 YT，对应于国标 P 类。此类合金有较高的硬度和耐热性，主要用于加工切屑成带状的塑性材料。合金中 TiC 含量高，则耐磨性和耐热性提高，但强度降低。

钨钛钽（铌）类（WC＋TiC＋TaC＋(Nb)＋Co），合金代号为 YW，对应于国标 M 类。此类硬质合金不但适用于加工冷硬铸铁、有色金属及合金半精加工，也能用于高锰钢、淬火钢、合金钢及耐热合金钢的半精加工和精加工。

碳化钛基类（WC＋TiC＋Ni＋Mo），合金代号为 YN，对应于国标 P01 类。一般用于精加工和半精加工，对于大长零件且加工精度较高的零件尤其适合，但不适于有冲击载荷的粗加工和低速切削。

2）超细晶粒硬质合金　超细晶粒硬质合金多用于 YG 类合金，它的硬度和耐磨性得到较大提高，抗弯强度和冲击韧度也得到提高，已接近高速钢。

（3）涂层刀具　涂层刀具是在韧性较好的硬质合金基体上或高速钢刀具基体上，涂覆一层耐磨性较高的难熔金属化合物而制成。

常用的涂层材料有 TiC、TiN、Al2O3 等。TiC 的硬度比 TiN 高，抗磨损性能好。不过 TiN 与金属亲和力小，在空气中抗氧化能力不强。因此，对于磨擦剧烈的条件下，宜采用 TiC 涂层；而在容易产生黏结条件下，宜采用 TiN 涂层刀具。

涂层可以采用单涂层和复合涂层，如 TiC－TiN、TiC－Al2O3、TiC－TiN－Al2O3 等。涂层厚度一般在 $5\sim8\ \mu m$，它具有比基体高得多的硬度，表层硬度可达 2 500～4 200HV。涂层刀具具有高的抗氧化性能和抗黏结性能，因此具有较高的耐磨性。涂层摩擦系数较低，可降低切削时的切削力和切削温度。提高刀具耐用度。高速钢基体涂层刀具耐用度可提高 2～10 倍，硬质合金基体刀具提高 1～3 倍。加工材料硬度越高，涂层刀具效果越好。

三、切削用量的选择

在数控编程工艺处理过程中，必须确定每道工序的切削用量，并以指令形式写入程序中。切削用量是指切削速度 v、进给量 f（或进给速度 f）、背吃刀量 a_p，也称为切削用量三要素。它是调整刀具与工件间相对运动速度和相对位置所需的工艺参数。切削用量的选择，对加工效率、加工成本和加工质量都有重大的影响。对于切削用量的选择，在保证零件加工精度和表面粗糙度，能充分发挥刀具的切削性能，保证合理的刀具耐用度，并充分发挥机床的性能，最大限度地提高生产率，降低成本的情况下，总的原则是：首先选择尽量大的背吃刀量，其次选择最大的进给量，最后选择切削速度。当然，切削用量的选择还要考虑各种因素来最终确定。

四、简单台阶轴的编程

（一）简单台阶轴的编程指令 G00、G01、G90

1. G00 快速定位指令

G00 指令能快速移动刀具到达指定的坐标点位置，用于刀具进行加工以前的空行程移动或加工完成的快速退刀。指令使刀具快速运动到指定点，以提高加工效率，不能进行切削加工。

指令格式：G00X（U）_ Z（W）_；

说明：

（1）绝对值编程：G00 X _ Z _；X _ Z_表示终点位置相对工件原点的坐标值，轴向移动

方向由 Z 坐标值确定，径向进退刀时在不过轴线情况下都为正值。如：两轴同时移动 G00 X80. Z10.，单轴移动 G00 X50. 或 G00 Z－10.。

（2）增量编程时：G00 U＿W＿；U＿W＿表示刀具从刀具当前所在点到终点的距离和方向；U 表示直径方向移动量，即大、小直径量之差，W 表示移动长度，U、W 移动方向都由正、负号确定。计算 U、W 移动距离的起点坐标值是执行前一程序段移动指令的终点值。

也可在同一移动指令里采用混合编程。如：G00 U20. W30.，G00 U－5. Z40. 或 G00 X80. W40.。

2. G01 进给切削指令

G01 又称直线插补功能，指令刀具以指定的进给速度移动到指定的位置。当主轴转动时，可用于对工件以一定的速度切削加工。

（1）如图 2—1—6 所示，当应用 G01 沿 z 轴单轴移动时可以加工内外圆或内孔；当应用 G01 沿 x 轴单轴移动时可加工端面、台阶或切直槽。

（2）如图 2—1—7 所示，当应用 G01 使 x 和 z 两个轴同时移动时可加工圆锥面或倒角。

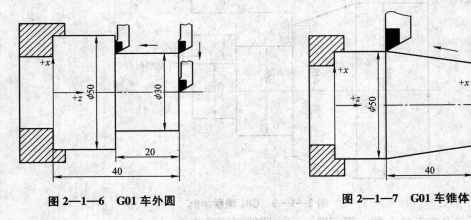

图 2—1—6 G01 车外圆

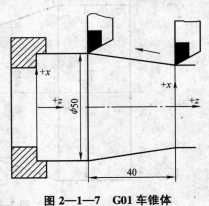

图 2—1—7 G01 车锥体

指令格式

G01 X（U）＿Z（W）＿F＿；

说明：该指令在坐标值指定方式上与 G00 一样，不同之处是 G01 以编程者指定的速度进行直线或斜线运动，运动轨迹始终为直线。

（1）绝对值编程：X＿Z＿表示终点位置相对工件原点的坐标值，轴向移动由 z 坐标值确定，径向进退刀时在不过轴线情况下都为正值。

（2）增量编程：U＿W＿表示终点位置相对起点的坐标值。G01 指令后的坐标值取绝对值编程还是取增量值编程，由尺寸字地址决定，有的数控车床由数控系统当时的状态（G90，G91）决定。

（3）指定进给速度：F＿由地址 F 和其后面的数字组成，表示刀具相对工件的进给速度。F 指令属模态指令，F 中指定的进给速度一直有效，直到指定新的数值，因此不必对每个程序段都指定 F 值。如果在 G01 程序段之前的程序段没有 F 指令，而现在的 G01 程序段中也没有 F 指令，则机床不运动。因此，G01 程序中必须含有 F 指令。

（4）G01（G00）是模态指令，如果后续的程序段不改变加工的线型，可以不再写这个指令。

编程实例：工件如图 2—1—8 所示，用绝对编程法编制精加工路线程序。

工件坐标原点设在右端面轴线交点上，根据零件图所标注尺寸，为各点标注绝对尺寸，刀具起点设在离工件原点 X80.Z25. 处。精加工路线各点坐标值如图 2—1—9 所示：

刀具起点：X80.Z25.；切削起点 P1：X20.Z1.；P2：X20.Z—15.；P3：X32.Z—15.；P4：X32.Z—35.；P5：X48.Z—35.；P6：X64.Z—57.；P7：X64.Z—82.；P8：X66.Z—82.。

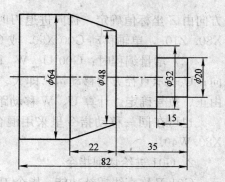

图 2—1—8　G01 编程举例

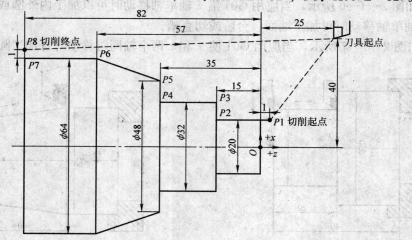

图 2—1—9　G01 编程举例

工件原点设在工件右端，程序段、程序路线说明见表 2—1—1。

表 2—1—1　　　　　　　　　　　　G01 编程实例

程序内容	程序说明
O2001；	程序名
N010 T0101 M03 S800；	换 1 号外圆刀，主轴正转，转速 800 r/min
N020 G00 X80.Z25.；	刀具起点
N030 G00 X20.Z1.；	刀具起点—P1（快速点定位）
N040 G01 Z—15.F0.1；	P1—P2（精加工 φ20 mm 外圆，进给量 0.1 mm/min）
N050 X32.；	P2—P3（加工 φ20 mm 到 φ32 mm 台阶）
N060 Z—35.；	P3—P4（加工 φ32 mm 外圆）
N070 X48.；	P4—P5（加工 φ32 mm 到 φ48 mm 台阶）
N080 X64.Z—57.；	P5—P6（加工锥体）
N090 Z—82.；	P6—P7（加工 φ64 mm 外圆）
N100 X66.；	P7—P8（X 向车出毛坯面）
N110 G00 X80.Z25.；	P8—刀具起点（快速退至换刀点）
N120 M05；	主轴停止
N130 M30；	程序结束

3. G90 外圆切削循环指令

加工轴类零件时，一般毛坯余量大，刀具常要反复地执行相同的动作，分多层车削将毛坯余量去除才能达到工件尺寸。G00，G01 指令为单指令，即每执行一次指令只有一个动作，用 G00，G01 编写程序时就要写入很长的程序段。

加工如图 2—1—9 所示零件，需四个动作完成，用 G00，G01 指令按一般写法，程序应写为：

N10 G00 X50. ;　　　　　　A 点快进至 B 点
N20 G01 Z—30. F80;　　　 G01 切削外圆至 C 点
N30 X65.0 ;　　　　　　　 G01 车端面至毛坯外 D 点
N40 G00 Z2. ;　　　　　　 G00 返回到 A 点

G90 称单一形状固定循环指令，利用单一固定循环可以将一系列连续的动作，如"切入—切削—退刀—返回"，用一个循环指令完成，从而使程序简化。使用固定循环语句完成图 2—1—10 中的路线只要下面一个指令，一个程序段就可以了。

G90 X50. Z—30. F80. ;

如图 2—1—11 所示固定循环，刀具从循环起点开始按矩形 1R→2F→3F→4R 循环，最后又回到循环起点。图中 R 表示快速移动，F 表示进给速度。循环起点的 X 值一般要大于或等于 G90 段中切削终点的 X 值，否则为内孔切削循环。

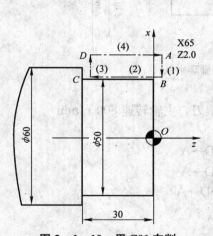

图 2—1—10　用 G01 车削

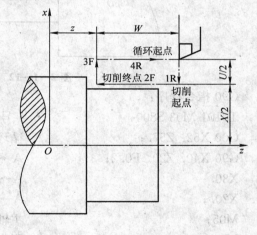

图 2—1—11　用 G90 循环车削

G00 或 G01 指令执行完成后刀具停在指令坐标终点位置，而 G90 指令能使刀具自动返回执行前的循环起点坐标位置。G90 为模态指令，若需再次循环只须编写下一刀切削终点坐标值，而不必重写循环指令。在切削量大，同一加工路线需反复多次切削的情况下，可大大缩短程序段的长度，简化编程。该循环指令可用于内、外圆柱面，内、外圆锥面的加工。

指令格式：

G00 X_ Z_;（循环起点）
G90 X（U）Z（W）F;

说明：

X、Z 取值为绝对编程时圆柱面切削终点坐标值。

U、W 表示增量编程时切削终点相对循环起点间的距离。即矩形的高（U）和宽（W）。

（1）G90 指令仅在 Fanuc 数控车床系统中为循环指令，在 SIEMENS 系统中为指定绝对编程指令。

（2）内、外圆加工及切削方向由循环起始点与指令中的 X 坐标值自动确定。

（3）G90 动作的第一步为快速进刀，应注意起点位置，以确保安全。

编程实例：如图 2—1—12，坐标原点在工件右端面，分三次用 G90 指令循环加工，循环起点设在离右端面 2 mm，x 向大于毛坯 2 mm 处。毛坯为直径为 φ50 mm，切削长度为 35 mm。每次进刀直径量为 10 mm。

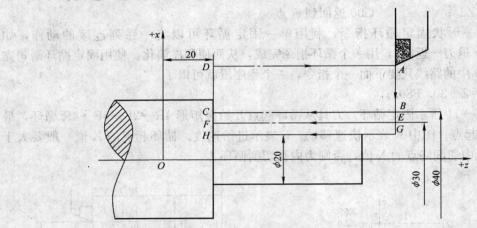

图 2—1—12　G90 外圆循环举例

G90 指令程序：

T0101 M03 S800；	1 号刀外圆偏刀，主轴转速 800 r/min
G00 X52. Z57.；	循环起点 A
G90 X40. Z20. F0.2；	A→B→C→D→A
X30.；	A→E→F→D→A
X20.；	A→G→H→D→A
M05；	主轴停
M30；	程序结束

任务实施

一、图样分析

该零件（图 2—1—1）外形较简单，需要加工端面、台阶外圆并切断。毛坯直径为 φ50 mm，对 φ38 mm 外圆的直径尺寸和长度尺寸有一定的精度要求。工艺处理与普通车床加工工艺相似。

二、确定工件的装夹方案

工件是一个 φ50 mm 的实心轴，且有足够的夹持长度和加工余量，便于装夹。采用三爪自定心卡盘夹紧，能自动定心，工件装夹后一般不需找正。以毛坯表面为定位基准面，装夹时注意跳动不能太大。工件伸出卡盘 55～65 mm 长，能保证 42 mm 车削长度，同时便于切断刀进行切断加工。

三、确定加工路线

该零件单件生产，端面为设计基准，也是长度方向测量基准，选用 93°硬质合金外圆刀进行粗、精加工，刀号为 T0101，工件坐标原点在工件右端面。加工前刀架从任意位置回参考点，进行换刀动作（确保 1 号刀在当前刀位），建立 1 号刀工件坐标。

四、填写加工刀具卡和工艺卡

表 2—1—2　　　　　　　　　　　　工件刀具工艺卡

零件图号	2—1—1	数控车床加工工艺卡		机床型号	CKA6150
零件名称	阶台轴			机床编号	
刀具表				量具表	
刀具号	刀补号	刀具名称	刀具参数	量具名称	规格
T01	01	93°外圆端面车刀	D 型刀片	游标卡尺 千分尺	0～150/0.02 25～50/0.01
T02	02	切断	刀宽 4 mm、长 25 mm	游标卡尺	0～150/0.02

工序	工艺内容	切削用量			加工性质
		S (r/min)	F (mm/r)	a_p (mm)	
1	平端面	800	0.2	1	自动
2	粗车外圆阶台	800	0.2	2	自动
3	精车外圆阶台	1 200	0.05～0.1	0.5～1	自动
4	切断	600	0.05～0.1	0.5	手动

五、编写加工程序

表 2—1—3　　　　　　　　　　工件的加工程序

程序内容	程序说明
O2002；	程序名
N1；	第 1 程序段号（粗加工段）
N010 G99 M03 S800 T0101；	选 1 号刀，主轴正转，800 r/min
N020 G00 X100.0 Z100.0；	快速运动到换刀点
N030 G00 X55. Z0；	快速运动到加工起点
N040 G01 X0 F0.1；	平断面
N050 G00 X55. Z2.；	循环起点
N060 G90 X45.5 Z-42. F0.2；	外圆循环
N070 X42. Z-30.；	外圆循环
N080 X38.5；	外圆循环
N090 G00 X100.0 Z100.0	快速运动到换刀点

续表

程序内容	程序说明
N100 M05;	主轴停
N110 M00;	程序停
N2;	第 2 程序段号（精加工段）
N120 G99 M03 S1200 T0101;	选 1 号刀，主轴正转，1 200 r/min
N130 G00 X38. 0 Z2.0;	快速运动到加工起点
N140 G01 Z−30.0 F0.1;	精加工 ϕ38 mm 外圆
N150 X45;	
N160 Z−42.0;	精加工 ϕ45 mm 外圆
N170 X52.;	
N180 G00 X100.0 Z100.0;	快速运动到换刀点
N190 M05;	主轴停
N200 M30;	程序结束返回程序头

六、加工过程

1. 装刀过程

刀具安装正确与否，直接影响加工过程和加工质量。车刀不能伸出刀架太长，否则会降低刀杆刚性，容易产生变形和振动，影响粗糙度。一般不超过刀杆厚度的 1.5～2 倍。四刀位刀架安装时垫片要平整，要减少片数，一般只用 2～3 片，否则会产生振动。压紧力度要适当，车刀刀尖要与工件中心线等高。

2. 对刀

数控车床的对刀一般采用试切法，用所选的刀具试切零件的外圆和端面，经过测量和计算得到零件端面中心点的坐标值。即通过试切，找到所选刀具与坐标系原点的相对位置，把相应的偏置值输入刀具补偿的寄存器中。

3. 程序模拟仿真

为了使加工得到安全保证，在加工之前先要对程序进行模拟验证，检查程序的正确性。程序的模拟仿真对于初学者来讲是非常好的一种检查程序正确与否的办法。Fanuc−0i 数控系统具有图形模拟功能，通过观察刀具的运动路线可以检查程序是否符合零件的外形。如果路线有问题可及时进行调整。另外，我们也可以利用数控车仿真软件在计算机上进行仿真模拟，也能起到很好的效果。

4. 机床操作

先将"快速进给"和"进给速率调整"开关的倍率打到"零"上，启动程序，慢慢地调整"快速进给"和"进给速率调整"旋钮，直到刀具切削到工件。这一步的目的是检验车床的各种设置是否正确，如果不正确有可能发生碰撞现象，这时可以迅速地停止车床的运动。

当切到工件后，通过调整"进给速率调整"和"主轴转速"调整旋钮，使得切削三要素进行合理的配合，就可以持续地进行加工了，直到程序运行完毕。

在加工中，要适时的检查刀具的磨损情况，工件的表面加工质量，保证加工过程的正确，避免事故的发生。每运行完一个程序后，应检查程序的运行效果，对有明显过切或表面粗糙度达不到要求的，应立即进行必要的调整。

七、质量误差分析

数控车床在外圆加工过程中会遇到各种各样的加工误差问题，表 2—1—4 所示为外圆加工中较常出现的问题、产生的原因、预防及解决方法进行了分析。

表 2—1—4　　　　　　　　　　　外圆加工误差分析

误差现象	产生原因	预防和解决方法
1. 工件外圆尺寸超差	1. 刀具数据不准确 2. 切削用量选择不当产生让刀 3. 程序错误 4. 工件尺寸计算错误	1. 调整或重新设定刀具数据 2. 合理选择切削用量 3. 检查、修改加工程序 4. 正确计算工件尺寸
2. 外圆表面光洁度太差	1. 切削速度过低 2. 刀具中心过高 3. 切屑控制较差 4. 刀尖产生积屑瘤 5. 切削液选用不合理	1. 调高主轴转速 2. 调整刀具中心高度 3. 选择合理的进刀方式及切深 4. 选择合适的切速范围 5. 选择正确的切削液，并充分喷注
3. 台阶处不清根或呈圆角	1. 程序错误 2. 刀具选择错误 3. 刀具损坏	1. 合理调整切削用量 2. 检查刀具是否磨损 3. 更换刀片
4. 加工过程中出现扎刀，引起工件报废	1. 进给量过大 2. 切屑阻塞 3. 工件安装不合理 4. 刀具角度选择不合理	1. 降低进给速度 2. 采用断、退屑方式切入 3. 检查工件安装，增加安装刚性 4. 正确选择刀具
5. 台阶端面出现倾斜	1. 程序错误 2. 刀具安装不正确	1. 检查、修改加工程序 2. 正确安装刀具
6. 工件圆度超差或产生锥度	1. 车床主轴间隙过大 2. 程序错误 3. 工件安装不合理	1. 调整车床主轴间隙 2. 检查、修改加工程序 3. 检查工件安装，增加安装刚性

课题二　圆弧面的编程与加工

学习目标

◆ 能够对锥面及圆弧面轴零件进行数控加工工艺分析；

◆ 能正确进行刀具补偿设置；

◆ 掌握多把刀具的对刀方法；

◆ 掌握 G00、G01、G90、G02（03）指令的手工编程方法；

◆ 完成零件的加工。

任务引入

加工如图 2—2—1 所示零件。毛坯材料为 45 号圆钢、尺寸为 φ52 mm，有足够的夹持长度。

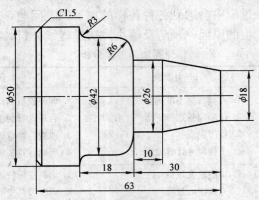

图 2—2—1　锥面及圆弧面加工

任务分析

锥面与圆弧加工是车削加工中最常见的加工之一，图 2—2—1 所示便是其中较有代表性的零件。

本单元介绍锥面和圆弧加工的特点、工艺的确定、指令的应用、程序的编制、加工误差分析等内容。

相关知识

一、G02/G03 圆弧加工指令

1. 顺、逆圆弧的判断

任意一段圆弧由两点及半径值三要素组成。在三要素确定的情况下，可加工出凹或凸不同的圆弧段。圆弧方向由 G02 或 G03 指令确定，G02 表示顺时针圆弧插补，G03 表示逆时针圆弧插补。圆弧插补的顺（G02）、逆（G03）可按如图 2—2—2 所示的方向判断。

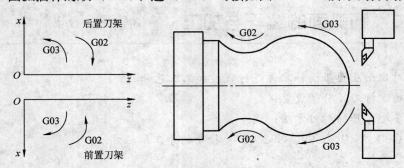

图 2—2—2　顺、逆圆弧判断

2. 指令格式

G02/G03 X（U）_ Z（W）_ R _ F _ ;

G02/G03 X（U）_Z（W）_I_K_F_；

说明：

X_Z_表示用绝对值编程时，圆弧终点在工件坐标系中的坐标值。

U_W_表示用增量值编程时，圆弧终点坐标相对于圆弧起点的增量值。

R_表示圆弧半径值。

当零件图上无半径值而用圆心与圆弧起点距离标注时，I、K 为圆心在 X 轴，Z 轴方向上相对于圆弧起始点的坐标值；若在程序段中同时出现 I、K 和 R，以 R 为优先，I、K 无效。一般以半径 R 方式编程。

编程实例：如图 2—2—3 所示，编制零件精加工程序。

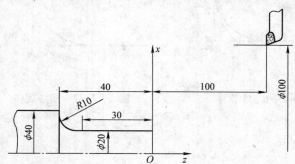

图 2—2—3　G02 圆弧编程

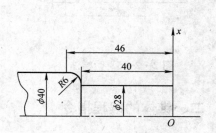

图 2—2—4　G03 圆弧编程

G02 圆弧程序：

O2003；

N010 G99 T0101 M03 S800；

N020 G00 X20.0 Z2.0；

N030 G01 Z—30.0 F0.1；

N040 G02 X40.0 Z—40.0 R10.0；

N050 G00 X100.0 Z100.0；

N060 M05；

N070 M30；

G03 圆弧程序：

O2004；

N010 G99 T0101 M03 S800；

N020 G00 X28.0 Z2.0；

N030 G01 Z—40.0 F0.1；

N040 G03 X40.0 Z—46.0 R6.0；

N050 G00 X100.0 Z100.0；

N060 M05；

N070 M30；

3. G02/G03 车圆弧的方法

如上例图形中，应用 G02（或 G03）指令车圆弧，若用一刀就把圆弧加工出来，这样吃刀量太大，容易打刀。所以，实际车圆弧时，需要多刀加工，先将大多余量切除，最后才车得所需圆弧。下面介绍车圆弧常用加工路线。

图 2—2—5 为车圆弧的阶梯切削路线，即先粗车成阶梯，最后一刀精车出圆弧。此方法在确定了每刀吃刀量 a_p 后，须精确计算出粗车的终刀距 s，即求圆弧与直线的交点。此方法刀具切削运动距离较短，但数值计算较繁。

图 2—2—6 为车圆弧的车锥法切削路线，即先车一个圆锥，再车圆弧。但要注意车锥时的起点和终点的确定，若确定不好，则可能损坏圆弧表面，也可能将余量留得过大。确定方法如图 2—2—6 所示半球体，粗加工路线以不超过半径中点 A、B 的连接线 AB 为宜。

图 2—2—7 所示为车圆弧的同心圆弧切削路线，即用不同的半径圆来车削，最后将所需圆弧加工出来。此方法在确定了每次吃刀量 a_p 后，对圆心角为 90°。圆弧的起点、终点坐标较易确定，数值计算简单，编程方便，但空行程时间较长。

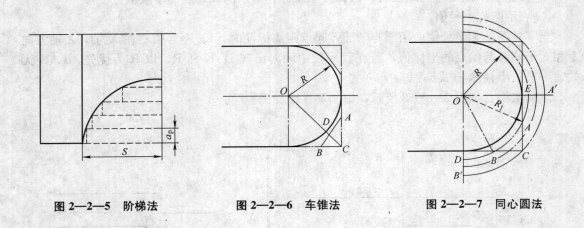

图 2—2—5 阶梯法　　　　图 2—2—6 车锥法　　　　图 2—2—7 同心圆法

二、锥体的编程指令

1. G01 车锥的方法

假设圆锥大径为 D，小径为 d，锥长为 L，车正圆锥的三种加工路线如图 2—2—8 所示。

按图 2—2—8a 所示的阶梯切削路线，二刀粗车，最后一刀精车。二刀粗车的走刀距离 S 要做精确的计算，由相似三角形可得：

$$\frac{\frac{D-d}{2}}{L} = \frac{\frac{D-d}{2}-a_p}{S} \qquad S = \frac{L\left(\frac{D-d}{2}-a_p\right)}{\frac{D-d}{2}}$$

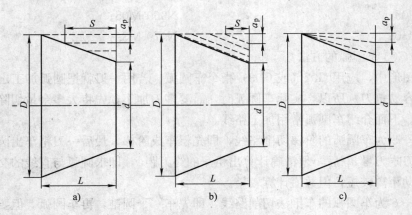

图 2—2—8　锥体的加工方法

此种加工路线，粗车时刀具背吃刀量相同，但精车时，背吃刀量不同；同时，刀具切削运动的路线最短。

当按图 2—2—8b 所示的加工路线车正锥时，车锥路线按平行锥体母线循环车削，适合车削大、小两直径之差较大的圆锥。需要计算每刀终点刀距 S，假设圆锥大径为 D，小径为 d，锥长为 L，背吃刀量为何 a_p，则可计算出：

$$(D-d)/2L = a_p/S$$
$$S = 2La_p/(D-d)$$

当按图 2—2—8c 所示的走刀路线车正锥时，因大小径余量厚度不同，以小径进刀车削为准，为提高效率，大径每刀退刀点可选择较合理的不同点，只需要大致估算终点刀距 S，编程方便。但在每次切削中背吃刀量是变化的，且刀具切削运动的路线较长。

车倒锥的原理与车正锥的原理相同。

2. 锥面循环加工指令 G90

指令格式：

G00 X _ Z _；（循环起点）

G90 X（U）_ Z（W）_ R _ F _；

说明：

X _ Z _：为圆锥面切削终点坐标值；

U _ W _：为圆锥面切削终点相对于循环起点的坐标增量；

R _：为锥体切削始点与圆锥面切削终点的半径之差；

F _：进给速度。

如图 2—2—9 所示的循环，刀具从循环起点开始按梯形 1R→2F→3F→4R 循环，最后又回到循环起点。图中虚线表示按 R 快速移动，实线表示按 F 指定的工件进给速度移动。

进行编程时，应注意 R 的正负符号，无论是前置或后置刀架、正、倒锥或内外锥体时，判断原则是假设刀具起始点为坐标原点，以刀具 X 向的走刀方向确定正或负。R 值具体计算与判断方法为右端面半径减去左端面半径为 R 值，对于外径车削，锥度左大右小 R 值为负；反之为正。对于内孔车削，锥度左小右大 R 值为正；反之为负。

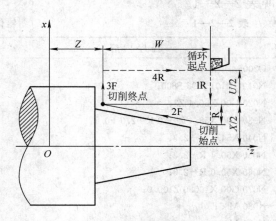

图 2—2—9　锥面切削循环

编程实例：如图 2—2—10 所示，毛坯为圆棒料，编制锥体加工程序。

根据零件图所示，首先应计算出小径尺寸才能编程。

根据锥度公式：$C=\dfrac{D-d}{L}$（锥度 $=\dfrac{大径-小径}{长度}$），即 $\dfrac{1}{5}=\dfrac{50-d}{20}$，故得小径 $d=46$ mm。

在加工中，为避免碰撞，刀具一般在 Z 向有一定的安全距离。锥体加工的起始点（实

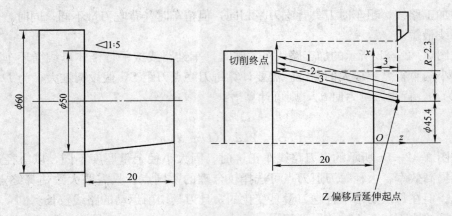

图 2—2—10　锥体编程示例

际小径）应按延伸后的值进行考虑。当起刀点离端面 3 mm 时锥体延伸后小径为 $\frac{1}{5}=\frac{50-d}{23}$，

起点小径 $d=45.4$ mm，则 $R=\frac{45.4-50}{2}=-2.3$ mm。

　　根据毛坯余量，分三次粗加工循环进行切削，循环起点 X60.4，每次切深 2 mm。

　　第一刀加工外锥面的切削终点为：（X58.4，Z—20.）；

　　第二刀加工外锥面的切削终点为：（X54.4，Z—20.）；

　　第三刀，当 X 留有 0.2mm 余量时，加工外锥面的切削终点为：（X50.4，Z—20）；程序见表 2—2—1。

表 2—2—1　　　　　　　　　　　　　　　　　　锥体编程

程序内容	程序说明
O2005	程序名
N010 T0101 M03 S800；	换 1 号刀，主轴转
N020 G00 X60.4 Z3；	锥体循环起点
N030 G90 X58.4 Z—20 R—2.3 F0.1；	循环加工 1
N040 X54.4 R—2.3；	循环加工 2
N050 X50.4 R—2.3；	循环加工 3
N060 X50.0 R—2.3；	精加工循环
N070 G00 X100.0 Z100.0；	退回换刀点
N080 M05；	主轴停
N090 M30；	程序结束

三、刀具半径补偿功能（G40/G41/G42）

　　数控车床是按车刀刀尖对刀的，在实际加工中，为了提高刀具的使用寿命和降低加工工件的表面粗糙度，通常将刀尖磨成半径不大的圆弧（一般圆弧半径 R 是 0.4～1.6 mm 之间），因此车刀的刀尖不可能绝对为一点，总有一个小圆弧，所以对刀刀尖的位置是一个假想刀尖 A，如图 2—2—11a 所示。锥体和圆弧零件编程时是按假想刀尖轨迹编程，即工件轮廓与假想刀尖 A 重合，车削时实际起作用的切削刃却是圆弧与工件轮廓的各切点，这样就引起加工表面形状误差，如图 2—2—11b 所示。

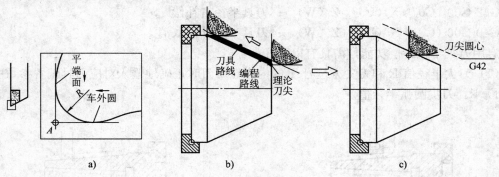

图 2—2—11　锥面半径补偿

a）理论曲线　b）半径补偿前　c）半径补偿后

用带圆弧刀尖车刀加工内外圆柱、端面时无误差产生，实际切削刃的轨迹与工件轮廓轨迹一致。车锥面和圆弧面时，工件轮廓（即编程轨迹）与实际形状（实际切削刃）有误差，如图 2—2—12 所示。

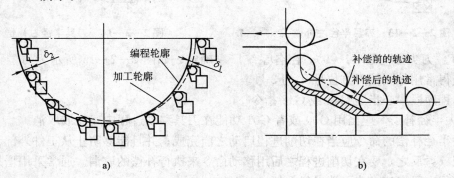

图 2—2—12　圆弧面半径补偿

a）车削圆弧面产生的误差　b）半径补偿后的刀具轨迹

若工件精度要求不高或留有精加工余量，可忽略此误差，否则应考虑刀尖圆弧半径对工件形状的影响。

为保持工件轮廓形状精度，加工时刀尖圆弧中心轨迹与工件轮廓偏移一个半径 R，这种偏移称为刀尖半径补偿。采用刀尖半径补偿功能后，编程者仍按工件轮廓编程，数控系统计算刀尖轨迹，并按刀尖轨迹运动，从而消除了刀尖圆弧半径工件形状的影响。

刀尖圆弧半径补偿是通过 G41、G42、G40 代码及 T 代码指定的刀尖圆弧半径补偿号，加入或取消半径补偿功能的。

G41：刀具半径左补偿，如图 2—2—13 所示，沿刀具运动方向看，刀具位于工件左侧时的刀具半径补偿。

G42：刀具半径右补偿，如图 2—2—14 所示，沿刀具运动方向看，刀具位于工件右侧时的刀具半径补偿。

G40：刀具半径补偿取消，即使用该指令后，使 G41、G42 指令无效。

格式：

G41 G00（G01）X（U）_ Z（W）_；刀具半径左补偿
G42 G00（G01）X（U）_ Z（W）_；刀具半径右补偿
G40 G00（G01）X（U）_ Z（W）_；刀具半径补偿取消
启用刀具半径补偿功能，需具有以下几点：
（1）刀尖半径值 R 和刀尖方位号 T 的内容在对刀时正确地输入对应刀具偏置参数中
1）R：刀尖圆弧半径值。

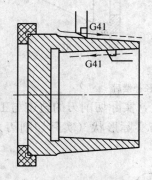

图 2—2—13　刀具半径左补偿

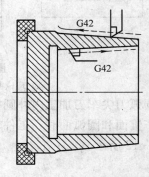

图 2—2—14　刀具半径右补偿

2）T：刀尖方位号（1～9），由各系统厂家确定、如图 2—2—15 所示为刀位形式数简图。可查得常用外圆偏刀方位号 T 为 3 号。
（2）程序段中必指定 G41 或 G42 指令
"刀尖半径补偿"应当用 G00 或者 G01 功能在刀具移动过程中建立或取消。
刀尖半径补偿的命令应当在切削进程启动之前完成；并且能够防止从工件外部起刀带来的过切现象。反之，要在切削进程之后用移动命令来执行补偿的取消。通常采用增加引导空程运行的程序段来建立或取消半径补偿。
编程实例：应用刀尖圆弧自功补偿功能加工图 2—2—16 所示零件，（刀尖方位号 T：3，圆弧半径 R：0.4mm）加工程序见表 2—2—2。

图 2—2—15　刀尖方位号

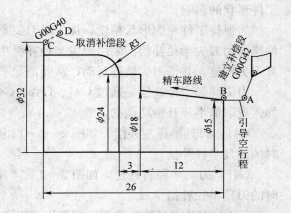

图 2—2—16　刀具补偿编程举例

表 2—2—2   工件的加工程序

程序内容	程序说明
O2006；	程序名
N010 T0101 M03 S1200；	换 1 号刀，主轴正转，转速 1 200 r/min（对刀时需设置 R 和 T 参数）
N020 G00 X40.0 Z20.0；	快进至合适起刀点（无补偿）
N030 G42 X15 Z5 M08；	起点至 A 点建立补偿
N040 G01 Z0 F1.5；	接近小径切削起点 B（已补偿）
N050 X18.0 Z—12.0 F0.1；	加工锥体
N060 X24.0；	平台阶
N070 Z—15.0；	加工 φ18 mm 外圆
N080 G03 X30.0 Z—18.0 R3.0；	切削 R3 mm 圆弧，补偿有效
N090 G01 Z—26.0；	加工 φ30 mm 外圆
N100 X32.0；	切削终点 C
N110 G00 G40 X100.0 Z100.0；	取消补偿
N120 M30；	程序结束

任务实施

一、图样分析

零件如图 2—2—1 所示，该零件为 45 号圆钢无热处理要求，毛坯直径 φ52 mm，粗精加工外圆和台阶表面、锥体和圆弧角，左端倒角并切断。根据零件外形分析，此零件需外圆刀和切断刀。

二、确定工件的装夹方案

轴类零件定位基准的选择只能是被加工件的外圆表面或零件端面的中心孔。此零件以毛坯外圆面为粗基准，采用三爪自定心卡盘夹紧，一次加工完成。工件伸出一定长度便于切断操作加工。

三、确定加工路线

该台阶轴零件毛坯为棒料，毛坯余量较大（最大处 52－18＝34 mm），需多次进刀加工。

首先进行粗加工，用切削指令 G01，编程较繁琐，宜采用 G90 单一形状循环指令，从大到小完成粗加工，留半精余量 1～1.5 mm。但外形面有锥体和圆弧，粗车完成后会留下不规则的毛坯余量，需进行半精车加工，以保证精车精度。粗加工切削深度及切削终点的确定根据外形，在不超过半精车余量的范围上可进行估算。

半精车加工，在精车路线加 0.5mm 余量基础上进行自右向左进行半精加工。精车加工，切除 0.5 余量，达到零件设计尺寸精度要求。

四、填写加工刀具卡和工艺卡

表 2—2—3　　　　　　　　　　工件刀具工艺卡

零件图号	2—2—1	数控车床加工工艺卡		机床型号	CKA6150
零件名称	锥面及圆弧面加工			机床编号	

刀具表				量具表	
刀具号	刀补号	刀具名称	刀具参数	量具名称	规格（mm/mm）
T01	01	93°外圆粗车刀	D 型刀片 R＝0.8 mm	游标卡尺	0～150/0.02
				千分尺	25～50/0.01
T02	02	93°外圆精车刀	D 型刀片 R＝0.4 mm	游标卡尺	0～150/0.02
				千分尺	25～50/0.01
T03	03	切断	刀宽 4 mm、长 25 mm	游标卡尺	0～150/0.02

工序	工艺内容	切削用量			加工性质
		S (r/min)	F (mm/r)	a_p (mm)	
1	平端面粗车外形	600～800	0.2	3	自动
2	半精车外形	800	0.15	1～2	自动
3	精车外形	1 200	0.05～0.1	0.5～1	自动
4	切断	600	0.05～0.1		自动

五、编写加工程序

表 2—2—4　　　　　　　　　　工件的加工程序

程序内容	程序说明
O2007;	程序名
N1;	第 1 程序段号（粗加工段）
N010 G99 M03 S800 T0101;	选 1 号刀，主轴正转，转速 800 r/min
N020 G00 X100.0 Z100.0;	快速运动到换刀点
N030 G00 X55. Z0;	快速运动到加工起点
N040 G01 X0 F0.1;	平断面
N050 G00 X55. Z2.;	循环起点
N060 G90 X47. Z−47.5 F0.2;	G90 外圆粗车循环 1
N070 X43. Z−45.;	G90 外圆粗车循环 2
N080 X38.0 Z−30.0;	G90 外圆粗车循环 3
N090 X33.0	G90 外圆粗车循环 4
N100 X28.0	G90 外圆粗车循环 5
N110 X23.0 Z−10.0;	G90 外圆粗车循环 6
N120 G00 X18.5;	半精加工起点
N130 G01 Z0 F0.15;	接近锥体小径
N140 X26.5 Z−20.0;	半精车锥体
N150 Z−30.0	G90 外圆粗车循环 ϕ26 mm 外圆
N160 X35;	至 R6 mm 圆弧起点
N170 G03 X42.5 Z−36.0 R6.0;	锥面半精车 R6 mm
N180 G01 Z−45.0;	半精车 ϕ42 mm 外圆

程 序 内 容	程 序 说 明
N190 X48.0 Z—47.5；	锥面半精车 R3 mm
N200 X50.5；	
N210 Z—70.0；	半精车 φ50 mm 外圆
N220 X55.0；	退出毛坯面
N230 G00 X100.0 Z100.0	快速返回换刀点
N240 M05；	主轴停
N250 M00；	程序停（测量）
N2；	第 2 程序段号（精加工段）
N260 G99 M03 S1200 T0202；	选 2 号刀，主轴正转，1 200 r/min
N270 G00 X16.4 Z10.0；	快速运动到锥体小径延长点（计算）
N280 G42 Z2.0；	建立半径补偿
N290 G01 X26.0 Z—20.0 F0.1；	精加工锥体
N300 Z—30.0；	精加工 φ26 mm 外圆
N310 X30.0；	
N320 G03 X42.0 Z—36.0 R6.0；	精加工 R6 mm 圆弧
N330 G01 Z—45.0；	精加工 φ42 mm 外圆
N340 G02 X48.0 Z—48.0 R3.0；	精加工 R3 mm 圆弧
N350 G01 X50.0；	
N360 Z—70.0；	精加工 φ50 mm 外圆
N370 G40 G00 X100.0 Z100.0；	取消补偿，返回换刀点
N3；	第 3 程序段号（切断）.
N380 T0303 M03 S600	换 3 号切断刀，转速 600 r/min
N390 G00 X52.0 Z—67.5；	快速至切断位置
N400 G01 X0 F0.1；	切断
N410 X55.0；	退刀
N420 X100.0 Z100.0；	返回换刀点
N380 M05；	主轴停
N200 M30；	程序结束返回程序头

六、加工过程（同上一课题）

1. 机床准备
2. 对刀（三把刀）
3. 输入程序
4. 程序校验及加工轨迹仿真
5. 自动加工

七、质量误差分析

数控车床锥面和圆弧面加工中经常遇到的加工质量问题有多种，其误差现象、产生原因以及预防和消除方法见表 2—2—5 和表 2—2—6。

表 2—2—5 锥面加工误差分析

误差现象	产生原因	预防和解决方法
锥度不符合要求	1. 程序错误 2. 工件装夹不正确	1. 检查、修改加工程序 2. 检查工件安装、增加安装刚度
切削过程出现振动	1. 工件装夹不正确 2. 刀具安装不正确 3. 切削参数不正确	1. 正确安装工件 2. 正确安装刀具 3. 编程时合理选择切削参数
锥面径向尺寸不符合要求	1. 程序错误 2. 刀具磨损 3. 没考虑刀尖圆弧半径补偿	1. 保证编程正确 2. 及时更换掉磨损大的刀具 3. 编程时考虑刀具圆弧半径补偿
切削过程出现干涉现象	工件斜度大于刀具后角	1. 选择正确刀具 2. 改变切削方式

表 2—2—6 圆弧加工误差分析

误差现象	产生原因	预防和解决方法
切削过程出现干涉现象	1. 刀具参数不正确 2. 刀具安装不正确	1. 正确编制程序 2. 正确安装刀具
圆弧凹凸方向不对	程序不正确	正确编制程序
圆弧尺寸不符合要求	1. 程序不正确 2. 刀具磨损 3. 没考虑刀尖圆弧半径补偿	1. 正确编制程序 2. 及时更换刀具 3. 考虑刀尖圆弧半径补偿

课题三 切槽、切断的编程与加工

学习目标

- 能够对外沟槽零件进行数控车削工艺分析；
- 应用切槽加工指令进行切槽及切断加工；
- 掌握切槽（切断）编程指令 G01、G04，及子程序、G75、G74 指令；
- 完成对零件的加工。

任务引入

在数控车削加工中，经常会遇到各种带有槽的零件。试加工如图 2—3—1 所示的有槽零件，毛坯材料为 φ42 mm 的 45 号圆钢，有足够的夹持长度。

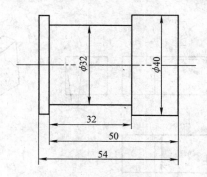

图 2—3—1 宽槽零件

任务分析

本单元介绍切槽（切断）加工的特点、工艺的确定、指令的应用、程序的编制、加工误差分析等内容。

相关知识

一、工件的装夹方案

根据槽的宽度等条件，在切槽时经常采用直接成型法，就是说槽的宽度就是切槽刀刃的宽度，也就等于背吃刀量 a_p。这种方法切削时会产生较大的切削力。另外，大多数槽是位于零件的外表面上的，切槽时主切削力的方向与工件轴线垂直，会影响到工件的装夹稳定性。因此，在数控车床上进行槽加工一般可采用下面两种装夹方式：

1. 利用软卡爪，并适当增加夹持面的长度，以保证定位准确、装夹稳固。

2. 利用尾座及顶尖做辅助支承，采用一夹一顶方式装，最大限度地保证零件装夹稳定。

二、刀具的选择与切槽的方法

1. 切槽刀的选择

常选用高速钢切槽刀和机夹可转位切槽刀。切槽刀的几何形状和角度如图 2—3—2 所示。切槽刀的选择主要注意两个方面：一是切槽刀的宽度 a 要适宜，二是切削刃长度 L 要大于槽深。图 2—3—3 所示为机夹可转位内、外切槽刀。

2. 切槽的方法

（1）对于宽度、深度值不大，且精度要求不高的槽，可采用与槽等宽的刀具直接切入一次成型的方法加工，如图 2—3—4 所示。刀具切入到槽底后可利用延时指令使刀具短暂停留，以修整槽底圆度，退出过程中可采用工进速度。

（2）对于宽度值不大，但深度值较大的深槽零件，为了避免切槽过程中由于排屑不畅，使刀具前部压力过大出现扎刀和折断刀具的现象，应采用分次进刀的方式，刀具在切入工件一定深度后，停止进刀并回退一段距离，达到断屑和排屑的目的，如图 2—3—5 所示。同时

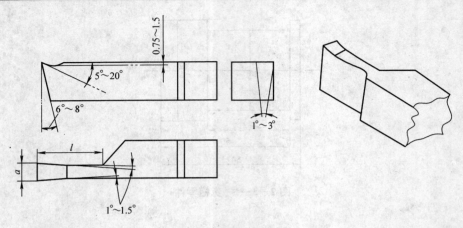

图 2—3—2　切槽刀

注意尽量选择强度较高的刀具。

（3）宽槽的切削　通常把大于一个切刀宽度的槽称为宽槽，宽槽的宽度、深度等精度要求及表面质量要求相对较高。在切削宽槽时常采用排刀的方式进行粗切，然后用精切槽刀沿槽的一侧切至槽底，精加工槽底至槽的另一侧，再沿侧面退出，切削方式如图 2—3—6 所示。

（4）异形槽的加工　对于异形槽的加工，大多采用先切直槽然后修整轮廓的方法进行。

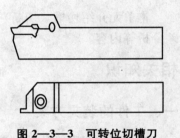

图 2—3—3　可转位切槽刀

三、切削用量与切削液的选择

背吃刀量、进给量和切削速度是切削用量三要素，在切槽过程中，背吃刀量受到切刀宽度的影响，其大小的调节范围较小。要增加切削稳定性，提高切削效率，就要选择合适的切削速度和进给速度。在普通车床上进行切槽加工，切削速度和进给速度相对外圆切削要选取得较低，一般取外圆切削的 30%～70%。数控车床的各项性能指标要远高于普通车床，在切削用量的选取上可以选择相对较高的速度，切削速度可以选择外圆切削的 60%～80%，进给速度选取 0.05～0.3 mm/r。

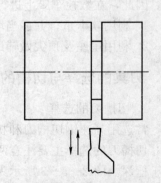

图 2—3—4　简单槽类零件加工方式

需要注意的是在切槽中容易产生振动现象，这往往是由于进给速度过低，或者是由于线速度与进给速度搭配不当造成的，需及时调整，以保证切削稳定。

切槽过程中，为了解决切槽刀刀头面积小、散热条件差、易产生高温而降低刀片切削性能等问题，可以选择冷却性能较好的乳化类切削液进行喷注，使刀具充分冷却。

四、切槽（切断）编程指令

对于一般的单一切直槽或切断，采用 G01 指令即可，对于宽槽或多槽加工可采用子程序及复合循环指令进行编程加工。

1. G01 切槽

编程实例：如图 2—3—7 所示，切削直槽，槽宽 5 mm 并完成两个 C0.5 宽的倒角。切槽刀宽为 4 mm。

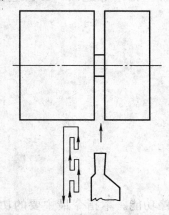

图 2—3—5　深槽零件加工方式

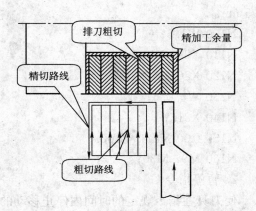

图 2—3—6　宽槽的切削加工方式示意图

工艺路线及过程：

工件原点设在右端面，切槽刀对刀点为左刀位，因切槽刀宽小于槽宽，且需用切槽刀切倒角，故加工此槽需三刀完成。加工路线如图 2—3—8 所示。

（1）如图 2—3—8a 所示，先从槽中间将槽切至槽底并反向退出，左刀点位 Z 向坐标应为 24.5。

N010 T0202 M03 S500；

N020 G00 X31. Z—24.5；

N030 G01 X26. F0.05；

N040 X31.；

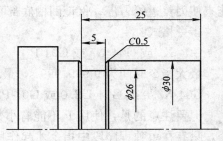

图 2—3—7　G01 指令切槽

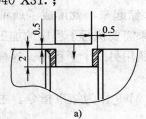

a)

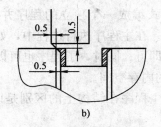

b)

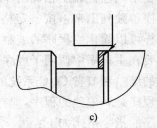

c)

图 2—3—8　G01 切槽步骤示意

（2）如图 2—3—8b 所示，倒左角并切槽左边余量后退出。刀具起点设在倒角延长线上，应 X 向增加 0.5 mm 空距，Z 向也是 0.5 mm 空距，左刀点应往左移动边余量 0.5 mm＋倒角宽 0.5 mm＋起点延长 0.5 mm＝1.5 mm。

　　N050 W－1.5；

　　N060 X29. W1；

　　N070 X26. ；

　　N080 W0.5；

　　N090 X31. ；

　　（3）如图 2—3—8c 所示倒右角并切槽右边余量后移至槽中心退出，刀具应往右移动 1.5 mm。

　　N100 W1.5；

　　N110 X29. W－1. ；

　　N120 X26. ；

　　N130 W－0.5；

　　N140 X31. ；

　　N150 G00 X100. Z100. ；

　　N160 M05 M30；

　　2. 暂停指令 G04

　　使刀具在指令规定的时间内停止移动的功能称为暂停功能。本指令最主要的功用在于，切槽或钻孔时能将切屑及时切断，以利于继续切削；或在横向车槽加工凹槽底部时，以此功能来使刀具进给暂停，保证凹槽底部平整。

　　指令格式：

　　G04 X _或 G04 U _或 G04 P _

　　最大指令时间为 9 999.999 s，最小为 16 ms。如要暂停 2.0 s 可以用 G04 指令指定：

　　G04 X2.0 或 G04 U2.0 或 G04 P2000。

　　但要注意的是，使用 P 不能有小数点，最末一位数的单位是 ms；G04 功能是非模态指令，只有在单独程序段中指令才起作用。

　　3. 子程序

　　在实际生产中，常遇到零件几何形状完全相同，结构需多次重复加工的情况，这种情况需每次在不同位置编制相同动作的程序。我们可以把程序中某些动作路线顺序固定且重复出现的程序单独列出来，按一定格式编成一个独立的程序并存储起来，就形成了所谓的子程序。这样可以简化主程序的编制。在主程序执行过程中，如果需要执行子程序的加工动作轨迹，只要在主程序中调用子程序即可；同时，子程序也可以调用另一个子程序。这样可以简化程序的编制和节省 CNC 系统的内存空间。

　　子程序是一单独的程序，与主程序在结构上的区别是以 M99 作为结束指令。主过程调用子程序的指令格式如下：

　　M98 P _ ；

　　其中 P 后最多可以跟八位数字，前四位表示调用次数，后四位表示调用子程序号，若调用一次则可直接给出子程序号。

例如：

M98 P38666；（表示连续三次调用子程序 O8666）

M98 P8888（表示调用 O8888 子程序一次）

M98 P12；（表示调用 O12 子程序一次）

编程实例：以 Fanuc 系统子程序指令，加工图 2—3—9 工件上的三个槽。程序见表 2—3—1。

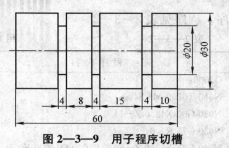

图 2—3—9 用子程序切槽

表 2—3—1　　　　　　　　　用子程序切槽程序

程　序　内　容	程　序　说　明
O2008	主程序
N10 T0303 M3 S400；	刀宽为 4 mm 的外切槽刀，左刀尖为刀位点
N20 G00 X31. Z—14.0 M8；	第一槽起始位置
N30 M98 P2108；	调用子程序切第一个槽
M40 G00 W—19.；	第二个槽起点
N50 M98 P2108；	调用子程序切第二个槽
N60 G00 W—12.；	第三个槽起点
N70 M98 P2108；	调用子程序切第三个槽
N80 G00 X100.0 Z100.0；	经安全退刀点回零
N90 M30；	
O2108；	切槽子程序
N10 G01 X20. F0.08；	
N20 G4 X1.；	
N30 G01 X31. F0.3；	
N40 M99；	

4. 用 G75 外径（内径）切槽复合循环

外径切槽复合循环指令适合于在外圆柱面上切削沟槽或切断加工。

该指令也可用于内沟槽加工。当循环起点 X 坐标值小于 G75 指令中的 X 向终点坐标值时，自动为内沟槽加工方式。

格式：G75 R（e）；

　　　G75 X（U）Z（W）P（Δi）Q（Δk）R（Δd）F（f）；

说明：

R（e）：e 为每次沿 X 方向切削后的退刀量；

X（U）Z（W）：X，Z 方向槽总宽和槽深的绝对坐标值。U，W 为增量坐标值；

P（Δi）：Δi 为 X 方向的每次切入深度，单位 μm（直径）；

Q（Δk）：Δk 为每次 Z 向移动间距，单位 μm；

R（Δd）：Δd 为切削到终点时 Z 方向的退刀量，通常不指定，省略 X（U）和 Δi 时，则视为 0；

f：进给速度。

编程实例：编写如图 2—3—10 所示零件切槽加工的程

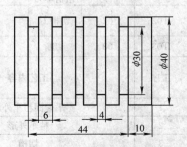

图 2—3—10　G75 外径切槽循环

序。程序见表 2—3—2。

表 2—3—2　　　　　　　　　　**用 G75 外径切槽循环程序**

程 序 内 容	程 序 说 明
O2009；	程序名
N010 T0202 M3 S400；	切槽刀刀宽 4 mm，主轴正转，转速 400 r/min
N020 G00 X42.0 Z—14.0；	循环起点
N030 G75 R1.0；	退刀量 1 mm（半径值）
N040 G75 X30.0 Z—50.0 P3000 Q10000 F0.1；	Z—50 终点坐标，每层切入最大 3 mm（半径值）；Z 向移动
	距离 10 mm
N050 G00 X100.0 Z100.0；	快速回换刀点
N060 M30；	程序结束

任务实施

一、图样分析

零件如图 2—3—1 所示，该零件为 45 号圆钢无热处理要求，毛坯直径 ϕ42 mm，粗精加工外圆表面、切宽槽，左端切断。根据零件外形分析，此零件需外圆刀和 5 mm 切槽刀。

二、确定工件的装夹方案

轴类零件定位基准的选择只能是被加工件的外圆表面或零件端面的中心孔。此零件以毛坯外圆面为粗基准，采用三爪自定心卡盘夹紧，一次加工完成。工件伸出一定长度便于切断操作加工。

三、填写加工刀具卡和工艺卡（表 2—3—3）

表 2—3—3　　　　　　　　　　**工件刀具工艺卡**

零件图号	2—3—1	数控车床加工工艺卡		机床型号	CKA6150
零件名称	宽槽零件			机床编号	

刀具表				量具表	
刀具号	刀补号	刀具名称	刀具参数	量具名称	规格（mm/mm）
T01	01	93°外圆粗精车刀	D 型刀片 R=0.4 mm	游标卡尺 千分尺	0～150/0.02 25～50/0.01
T02	02	切槽刀	刀宽 5 mm	游标卡尺 千分尺	0～150/0.02 25～50/0.01
T03	03	切断	刀宽 4 mm、长 25 mm	游标卡尺	0～150/0.02

工序	工艺内容	切削用量			加工性质
		S（r/min）	F（mm/r）	a_p（mm）	
1	平端面粗车外形	600～800	0.2	2	自动
2	精车外形	1 200	0.1	0.5～1	自动
3	切槽	400	0.15		自动
4	切断	600	0.15		手动

四、编写加工程序（表2—3—4）

表2—3—4　　　　　　　　　　　　　工件的加工程序

程 序 内 容	程 序 说 明
O2010；	程序名
N1；	第1程序段号（粗加工段）
N010 G99 M03 S800 T0101；	选1号刀，主轴正转，转速800 r/min
N020 G00 X100.0 Z100.0；	快速运动到换刀点
N030 G00 X42. Z0；	快速运动到加工起点
N040 G01 X0 F0.1；	平断面
N050 G00 X42. Z2.；	循环起点
N060 G90 X40.5. Z—54. F0.2；	G90 外圆粗车循环
N070 G00 X40.0	精车起点
N080 G01 Z—54.0 F0.1；	精车 ϕ40 mm 外圆
N090 G01 X42.0；	X 向退出毛坯面
N100 G00 X100.0 Z100.0	快速返回换刀点
N2；	第2程序段号（切槽加工段）
N110 G99 M03 S400 T0202；	选2号刀，主轴正转，转速400 r/min
N120 G00 X42.0 Z—23.0；	切槽循环起点
N130 G75 R1.0；	分层切削时退刀量为1 mm
N140 G75 X32.0 Z—50.0 P4000 Q4000 F0.1；	每层最大切深4 mm，Z 向移动间距4 mm
N150 G00 X100.0 Z100.0；	返回换刀点
N160 M05；	主轴停
N170 M30；	程序结束返回程序头

五、加工过程（具体内容同上一课题，此处略）

1. 机床准备
2. 对刀（三把刀）
3. 输入程序
4. 程序校验及加工轨迹仿真
5. 自动加工

六、质量误差分析

在数控车床上进行槽加工时经常遇到的加工误差有多种，其问题现象、产生的原因、预防和消除的措施见表2—3—5。

表2—3—5　　　　　　　　　　　切槽加工误差分析

误差现象	产生原因	预防和解决方法
槽的一侧或两个侧面出现小台阶	刀具数据不准确或程序错误	1. 调整或重新设定刀具数据 2. 检查、修改加工程序
槽底出现倾斜	刀具安装不正确	正确安装刀具

误差现象	产生原因	预防和解决方法
槽的侧面呈现凹凸面	1. 刀具刃磨角度不对称 2. 刀具安装角度不对称 3. 刀具两刀尖磨损不对称	1. 更换刀片 2. 重新刃磨刀具 3. 正确安装刀具
槽的两个侧面倾斜	刀具磨损	重新刃磨刀具或更换刀片
槽底出现振动现象，留有振纹	1. 工件装夹不正确 2. 刀具安装不正确 3. 切削参数不正确 4. 程序延时时间太长	1. 检查工件安装，增加安装刚性 2. 调整刀具安装位置 3. 提高或降低切削速度 4. 缩短程序延时时间
切槽过程中出现扎刀现象，造成刀具断裂	1. 进给量过大 2. 切屑阻塞	1. 降低进给速度 2. 采用断、退刀方式切入
切槽过程中出现较强的振动，表现为工件刀具出现谐振现象	1. 工件装夹不正确 2. 刀具安装不正确 3. 进给速度过低	1. 检查工件安装，增加安装刚性 2. 调整刀具安装位置 3. 提高进给速度

课题四　螺纹零件的编程与加工

学习目标

◆ 能够对螺纹零件进行数控车削工艺分析；

◆ 应用螺纹加工指令进行螺纹加工；

◆ 掌握螺纹加工常用指令；

◆ 完成对零件的加工。

任务引入

用数控车床加工如图 2—4—1 所示螺柱零件。毛坯为 ϕ34 mm 的 45 号圆钢，且有足够的夹持长度。

任务分析

螺纹是零件上常见的一种结构，带螺纹的零件是机器设备中重要的零件之一。作为标准件，它的用途十分广泛，能起到连接、传动、紧固等作用。螺纹按用途分为连接螺纹和传动螺纹两种。图 2—4—1 为螺柱零件，螺纹是普通三角螺纹。

本单元介绍螺纹加工的特点、工艺的

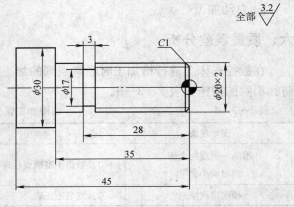

图 2—4—1　螺柱零件

确定、指令的应用、程序的编制、加工误差分析等内容。

相关知识

利用数控车床加工螺纹时，由数控系统控制螺距的大小和精度，大大简化了计算，不用手动更换挂轮，并且螺距精度高且不会出现乱扣现象；螺纹切削回程期间车刀快速移动，切削效率大幅提高；专用数控螺纹切削刀具、较高的切削速度的选用，又进一步提高了螺纹的形状和表面质量。

一、工件的装夹方案

在螺纹切削过程中，无论采用何种进刀方式，螺纹切削刀具经常是由两个或两个以上的切削刃同时参与切削，与前面所讨论的槽加工相似，同样会产生较大的径向切削力，容易使工件产生松动现象和变形。因此，在装夹方式上，最好采用软卡爪且增大夹持面或者一夹一顶的装夹方式，以保证在螺纹切削过程中不会出现因工件松动导致螺纹乱牙，从而使工件报废的现象。

二、刀具的选择与进刀方式

通常螺纹刀具切削部分的材料分为硬质合金和高速钢两类。刀具类型有整体式、焊接式和机械夹固式三种。

在数控车床上车削普通三角螺纹一般选用精机夹可转位不重磨螺纹车刀，使用时要根据螺纹的螺距选择刀片的型号，每种规格的刀片只能加工一个固定的螺距。如图 2—4—2 所示为可转位螺纹刀。

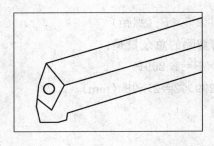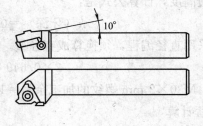

图 2—4—2　可转位螺纹刀

螺纹车刀的进刀方式有两种，单向切入法和直进切入法。

（1）单向切入法：图 2—4—3a 所示，此切入法切削刃承受的弯曲压力小，状态较稳定，成屑形状较为有利，切深较大，侧向进刀时，齿间有足够空间排出切屑。用于加工螺距 4 mm 以上的不锈钢等难加工材料的工件或刚性低、易振动工件的螺纹。

（2）直进切入法：图 2—4—3b 所示，切削时左右刀刃同时切削，产生的 V 形铁屑作用于切削刃口会引起弯曲力较大。加工时要求切深小，刀刃锋利。适用于一般的螺纹切削，加工螺距 4 mm 以下的螺纹。

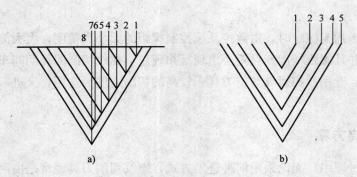

图 2—4—3　螺纹进刀切削方法

a) 单向切入法　　b) 直进切入法

三、切削用量的选择

在螺纹加工中，背吃刀量 a_p 等于螺纹车刀切入工件表面的深度，随着螺纹刀的每次切入，背吃刀量在逐步的增加。受螺纹牙型截面大小和深度的影响，螺纹切削的背吃刀量可能非常大，所以必须合理地选择切削速度和进给量。

1. 加工余量

螺纹加工分粗加工工序和精加工工序，经多次重复切削完成，一般地，一刀切除量可为 0.7～1.5 mm，依次递减，精加工余量 0.1 mm 左右。进刀次数根据螺距计算出需切除的总余量来确定。螺纹切削总余量就是螺纹大径尺寸减去小径尺寸，即牙深 h 的 2 倍。牙深表示螺纹的单边高度，计算公式是：

$$h（牙深）＝0.649\,5×P（螺距）$$

一般采用直径编程，须换算成直径量。需切除的总余量是：

$$2×0.649\,5×P＝1.299P$$

例如　M30×2 mm 螺纹的加工余量＝1.299×2＝2.598（mm）

2. 编程计算

小径值：30－2.598＝27.402（mm）

根据表 2—4—1 中进刀量及切削次数，计算每次切削进刀点的 X 坐标值：

第一刀 X 坐标值：30－0.9＝X29.1

第二刀 X 坐标值：30－0.9－0.6＝X28.5

第三刀 X 坐标值：30－0.9－0.6－0.6＝X27.9

第四刀 X 坐标值：30－0.9－0.6－0.6－0.4＝X27.5

第五刀 X 坐标值：30－0.9－0.6－0.6－0.1＝X27.4

表 2—4—1 常用螺纹切削的进给次数与进刀量

米 制 螺 纹							
螺距 P/mm	1.0	1.5	2.0	2.5	3.0	3.5	4.0
牙深 h/mm	0.649	0.974	1.299	1.624	1.949	2.273	2.598
背吃刀量及切削次数 1次	0.7	0.8	0.9	1.0	1.2	1.5	1.5
2次	0.4	0.6	0.6	0.7	0.7	0.7	0.8
3次	0.2	0.4	0.6	0.6	0.6	0.6	0.6
4次		0.16	0.4	0.4	0.4	0.6	0.6
5次			0.1	0.4	0.4	0.4	0.4
6次				0.15	0.4	0.4	0.4
7次					0.2	0.2	0.4
8次						0.15	0.3
9次							0.2

注：表中给出的背吃刀量及切削次数为推荐值。编程者可根据自己的经验和实际情况进行选择。

3. 螺纹实际直径的确定

由于高速车削挤压引起螺纹牙尖膨胀变形，因此外螺纹的外圆应车到最小极限尺寸，内螺纹的孔应车到最大极限尺寸，螺纹加工前，先将加工表面加工到的实际直径尺寸可按公式计算，如标注为 M30×2 mm 的螺纹：

内螺纹加工前的内孔直径：$D_孔 = d - 1.082\ 5P$

外螺纹加工前的外圆直径：$d_外 = d - (0.1 \sim 0.2)P$

4. 主轴转速

数控车床进行螺纹切削时是根据主轴上的位置编码器发出的脉冲信号，控制刀具移动形成螺旋线的。不同的系统采用的主轴转速范围不同，可参照机床操作说明书要求，一般经济型数控车床推荐车螺纹时的最高转速为：

$$n \leqslant 1\ 200P - k$$

式中，P 为被加工螺纹螺距，mm；

k 为保险系数，一般为80。

因为螺纹切削是在主轴上的位置编码器输出一转信号时开始的，所以螺纹切削在圆周上是从固定点开始的，且刀具在工件上的轨迹不变而重复切削螺纹。注意：主轴速度从粗切到精切必须保持恒定，否则螺纹导程不正确。

在螺纹加工轨迹中应设置足够的升速段和降速退刀段，以消除伺服滞后造成的螺距误差。如图 2—4—4 所示，实际加工螺纹的长度应包括切入和切出的空行程量，切入空刀行程量，一般取 2～5 mm；切出空刀行程量，一般取 0.5～1 mm。数控车床可加工无退刀槽的螺纹。

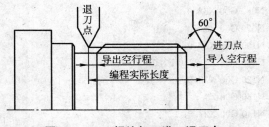

图 2—4—4 螺纹加工进、退刀点

四、螺纹编程指令

1. G32 螺纹切削指令

（1）格式

G00 X_ Z_；切削起点

G32 X（U）_ Z（W）_ F_；

其中，F：螺纹的导程单线螺纹时为螺距；

　　　　X_ Z_：螺纹切削终点坐标值；

　　　　U_ W_：螺纹切削终点相对于起点的坐标增量。

X 省略时为圆柱螺纹切削；Z 省略时为端面螺纹切削；X，Z 均不省略时，则与切削起点不同时为锥螺纹切削。

G32 编程时，为了方便编程，一般采用直进式切削法。由于两侧刃同时工作切削力较大，而且排屑困难，因此在切削时，两切削刃容易磨损。在切削螺距较大螺纹时，由于切削深度较大，刀刃磨损较快，从而造成螺纹中径产生误差；但是其加工的牙型精度较高，因此一般多用于小螺距螺纹的加工。由于其刀具移动、切削均靠编程来完成，所以加工程序较长；由于刀刃容易磨损，所以加工中要勤测量。

（2）编程实例

零件如图 2—4—5 所示，用 G32 指令编制 M30 × 2 mm 的加工程序。（此指令每完成一刀需四个程序段，共要 16 个程序段）

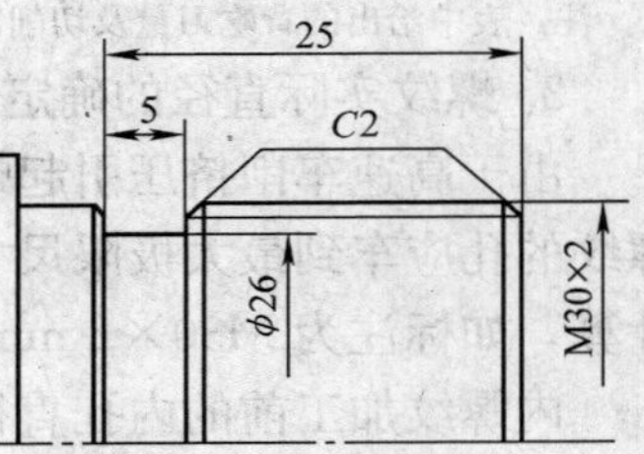

图 2—4—5　G32 螺纹加工

表 2—4—2　　　　　　　　　工件的加工程序

程　序　内　容	程　序　说　明
O2011	程序名
N2；	第二程序段号（螺纹加工段）
N010 G99 M03 S600 T0202；	选 2 号刀，主轴正转，转速 600 r/min
N020 G00 X29.1 Z3.；	第一刀起点，切深 0.9 mm，导入空行程 3 mm
N030 G32 Z—22.0 F2.0；	切削螺距 2 至退刀槽中，导出空行程 2 mm
N040 G00 X32.0；	X 向退刀
N050 G00 Z3.；	Z 向退刀（须同—Z 起点）
N060 G00 X28.5.；	第二刀起点（切深 0.6 mm）
N070 G32 Z—22.0 F2.0；	切削至退刀槽中
N080 G00 X32.0；	X 向退刀
N090 G00 Z3.；	Z 向退刀
N100 G00 X27.9；	第三刀
N110 G32 Z—22.0 F2.0；	
N120 G00 X32.0；	
N130 G00 Z3.；	
N140 G00 X27.5；	第四刀
N150 G32 Z—22.0 F2.0；	
N160 G00 X32.0；	

续表

程 序 内 容	程 序 说 明
N170 G00 Z3.； N180 G00 X27.4 N190 G32 Z—22.0 F2.0； N200 G00 X32.0；	第五刀（精车）
N210 X100.0 Z100.0； N220 M05； N230 M30；	返回换刀点 主轴停 程序结束返回程序头

2. G92 螺纹切削循环指令

该指令可循环加工圆柱螺纹和锥螺纹。应用方式与 G90 外圆循环指令有类似之处。

（1）圆柱螺纹切削循环

格式：

G00 X _ Z _（循环起点）

G92 X（U）_ Z（W）_ F _；

其中，X _ Z _：螺纹切削终点坐标值；

U _ W _：螺纹切削终点相对于循环起点的坐标增量；

F：螺纹的导程，单线螺纹时为螺距。

执行 G92 指令时，加工路线如图 2—4—6 所示：

①从循环起点快速至螺纹起点（由循环起点 Z 和切削终点 X 决定）；

②螺纹切削至螺纹终点；

③X 向快速退刀；

④Z 向快速回循环起点。

（2）编程实例

如图 2—4—7，螺纹 M30×2 mm，程序原点为右端轴中心。（小径＝30－1.3×2＝27.4 mm，分五刀加工完成），程序见表 2—4—3。

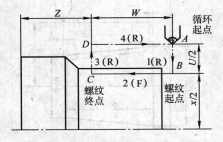

图 2—4—6　圆柱螺纹切削循环示意

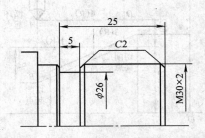

图 2—4—7　G92 圆柱螺纹循环切削

（3）锥螺纹切削循环

格式：

G00 X _ Z _（循环起点）

G92 X（U）_ Z（W）_ R _ F _；

表 2—4—3   G92 圆柱螺纹循环切削程序

程 序 内 容	程 序 说 明
N3;	第三程序段号（螺纹加工段）
N010 G99 M03 S600 T0303;	选 3 号刀，主轴正转，转速 600 r/min
N020 G00 X32.0 Z3.;	循环起点
N030 G92 X29.1 Z−22.0 F2.0;	螺纹切削循环 1，进 0.9 mm
N040 X28.5;	螺纹切削循环 2，进 0.6 mm
N050 X27.9;	螺纹切削循环 3，进 0.6 mm
N060 X27.5;	螺纹切削循环 4，进 0.4 mm
N070 X27.4;	螺纹切削循环 5，进 0.1 mm
N080 X100.0 Z100.0;	返回换刀点
N090 M05;	主轴停
N100 M30;	程序结束返回程序头

其中，X_Z_：螺纹切削终点坐标值；

U_W_：螺纹切削终点相对于循环起点的坐标增量；

R_：锥螺纹切削起点与圆锥面切削终点的半径之差；加工圆柱螺纹时，R 为零，可省略；

F：螺纹的导程，单线螺纹时为螺距。

如图 2—4—8 所示，刀具从循环起点开始按梯形循环，最后又回到循环起点，图中虚线表示按 R 快速移动，实线表示按指令的工件进给速度移动。

进行编程时，应注意 R 的正负符号。无论是前置或后置刀架，正、倒锥体或内、外锥体，判断原则都是假设刀具起始点为坐标原点，以刀具 X 向的走刀方向确定正或负。R 值的计算和判断与 G90 相同。

（4）编程实例　如图 2—4—9 所示，G92 锥螺纹加工程序见表 2—4—4。

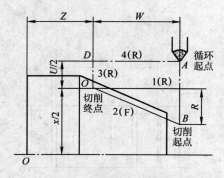

图 2—4—8　锥螺纹切削循环示意

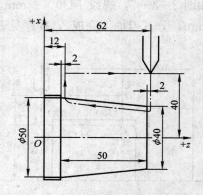

图 2—4—9　G92 锥螺纹循环切削

3. G76 螺纹切削复合循环

在加工螺纹的指令中，G32 指令编程时程序烦琐，G92 指令相对较简单、容易掌握，但需计算出每一刀的编程位置，而采用螺纹切削循环指令 G76 时，只用两个程序段就可以自动完成螺纹粗、精多次路线。

表 2—4—4　　　　　　　　　　　　**G92 锥螺纹循环切削程序**

程 序 内 容	程 序 说 明
N3;	第三程序段号（螺纹加工段）
N010 G99 M03 S 600 T0303;	选 3 号刀，主轴正转，转速 600 r/min
N020 G00 X80.0 Z62.;	循环起点
N030 G92 X49.1 Z12.0 R—5.0 F2.0;	螺纹切削循环 1
N040 X48.5;	螺纹切削循环 2
N050 X47.9;	螺纹切削循环 3
N060 X47.5;	螺纹切削循环 4
N070 X47.1;	螺纹切削循环 5
N080 X47.0;	螺纹切削循环 6
N090 X100.0 Z100.0;	返回换刀点
N100 M05;	主轴停
N110 M30;	程序结束返回程序头

格式：

G76 P（m）（r）（α）Q（Δd_{min}）R（d）

G76 X（或 U）Z（或 W）R（i）Q（Δd）F（L）

说明：

m 为精车重复次数，从 01～99，用两位数表示，该参数为模态值；

r 为螺纹尾端倒角值，该值的大小可设置在 0.0～9.9L 之间，系数应为 0.1 的整倍数，用 00～99 之间的两位整数来表示，其中 L 为导程，该参数为模态量；

α 为刀尖角度，可从 80°，60°，55°，30°，29°，0°六个角度中选择一个位整数来表示，该参数为模态量；

m、r、α 用地址 P 同时指定，例如，m＝2，r＝1.2L，α＝60°，表示为 P021260；

Δd_{min} 为最小车削深度，用半径编程指定，单位为 μm，该参数为模态量；

d 为精车余量，用半径编程指定，单位为 μm，该参数为模态置；

X（U）、Z（W）为螺纹终点绝对坐标或增量坐标；

i 为螺纹锥度值，用半径编程指定；如果 i＝0，则为直螺纹，可省略；

h 为螺纹高度，用半径编程指定，单位为 μm；

Δd 为第一次车削深度，用半径编程指定，单位为 μm；

L 为螺纹的导程。

如图 2—4—10 所示为螺纹循环加工路线及进刀法。G76 一般采用斜进式切削方法。由于为单侧刃加工，加工刀刃容易损伤和磨损，使加工的螺纹面不直，刀尖角发生变化，造成牙型精度较差。但由于其为单侧刃工作，刀具负载较小，排屑容易，并且切削深度为递减式，因此该加工方法一般适用于大螺距螺纹的加工。由于此加工方法排屑容易，刀刃加工工况较好，在螺纹精度要求不高的情况下，此加工方法更为方便。在加工较高精度螺纹时，可采用两刀加工完成，即先用 G76 加工方法进行粗车，然后用 G32 加工方法进行精车。但要注意刀具起始点要准确，不然容易乱牙造成零件报废。

编程实例：零件如图 2—4—11 所示，零件毛坯直径为 φ40 mm，无热处理要求。

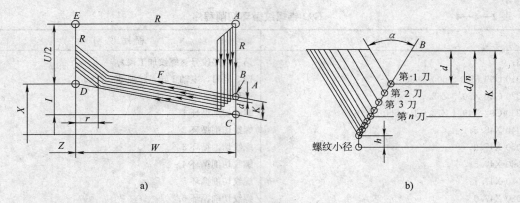

a)   b)

图 2—4—10   螺纹循环加工路线及进刀法

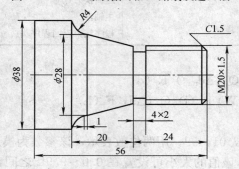

图 2—4—11   G76 螺纹循环

表 2—4—5   **G76 螺纹循环程序**

程 序 内 容	程 序 说 明
N3；	第三程序段号（加工螺纹段）
G99 T0303 M03 S600；	换 3 号螺纹刀，主轴转速 600 r/min，进给量设置
G00 X30.0 Z10.；	循环起点
G76 P010060 Q50 R0.05；	精加工 1 次，倒角量 0，60°三角螺纹；最小切深0.05 mm；
	精加工余量 0.05 mm
G76 X18.05 Z—22. P975 Q200 F1.5；	牙深 0.975 mm，第一刀切深 0.2 mm，
G00 X100.0 Z100.0；	返回换刀点
M05；	主轴停
M30；	程序结束返回程序头

任务实施

一、图样分析

零件如图 2—4—1 所示，毛坯直径 $\phi34$ mm，粗精加工外圆表面、倒角、切槽、外螺纹、左端切断等加工。根据零件外形分析，此零件需外圆刀和 3 mm 切槽刀及外螺纹车刀。

二、确定工件的装夹方案

由于毛坯为棒料，用三爪自定心卡盘夹紧定位，一次加工完成。工件伸出一定长度便于切断操作加工。

三、确定加工路线

1. 外圆粗、精加工
2. 切槽（刀宽 3 mm）
3. 车削 M20×2 mm 螺纹
4. 切断

四、填写加工刀具卡和工艺卡（表 2—4—6）

表 2—4—6　　　　　　　　　　　　工件刀具工艺卡

零件图号	2—4—1	数控车床加工工艺卡		机床型号	CKA6150
零件名称	螺柱件			机床编号	
		刀具表		量具表	
刀具号	刀补号	刀具名称	刀具参数	量具名称	规格（mm/mm）
T01	01	93°外圆粗、精车刀	D 型刀片 R＝0.4 mm	游标卡尺	0～150/0.02
				千分尺	25～50/0.01
T02	02	切槽刀	刀宽 3 mm	游标卡尺	0～150/0.02
T03	03	60°外螺纹车刀		游标卡尺	0～150/0.02
				环规	M20×2
工序	工艺内容		切削用量		加工性质
			S（r/min）	F（mm/r）	a_p（mm）	
1	粗车外形		600～800	0.2	2	自动
2	精车外形		1 200	0.1	0.5～1	自动
3	切槽		400	0.15		自动
4	车螺纹		600	2		自动
5	切断		600	0.15		手动

五、编写加工程序（表 2—4—7）

表 2—4—7　　　　　　　　　　　螺柱零件切削程序

程序内容	程序说明
O2012；	程序名
N1；	第一程序段号（外圆粗、精加工段）
N010 G99 M03 S600 T0101；	选 3 号刀，主轴正转，转速 600 r/min
N020 G00 X35.0 Z2.0；	循环起点
N030 G90 X30.5 Z－50.0 F0.2；	粗车循环 1
N040 X25.0 Z－35.0；	粗车循环 2
N050 X21.5	粗车循环 3
N060 G00 X18.0 Z0 M03 S1200；	精车起点
N070 G01 X19.8 Z－1.0；	倒角 C1
N080 Z－28.0；	精车螺纹外圆
N090 X20.0；	
N100 Z－35.0；	精车 ϕ20 mm 外圆
N110 X30.0；	

续表

程 序 内 容	程 序 说 明
N120 Z—50.0;	精车 φ30 mm 外圆
N130 X100.0 Z100.0;	
N2;	第二程序段号（切槽）
N0140 G99 M03 S400 T0202;	选 2 号刀，主轴正转，转速 400 r/min
N150 G00 X23.0 Z—28.0;	切槽起点
N160 X17.0;	切槽至底径
N170 X22.0;	X 向退出
N180 X100.0 Z100.0;	返回换刀点
N3;	第三程序段号（车螺纹）
N0190 G99 M03 S600 T0303;	选 3 号刀，主轴正转，转速 600 r/min
N200 G00 X22.0 Z5.0;	螺纹循环起点
N210 G92 X19.1 Z—26.0 F2.0;	螺纹切削循环 1
N220 X18.5;	螺纹切削循环 2
N230 X17.9;	螺纹切削循环 3
N240 X17.5;	螺纹切削循环 4
N250 X17.4;	螺纹切削循环 5
N260 G00 X100.0 Z100.0;	返回换刀点
N270 M05;	主轴停
N280 M30;	程序结束返回程序头

六、加工过程（具体内容同上一课题，此处略）

1. 机床准备
2. 对刀（三把刀）
3. 输入程序
4. 程序校验及加工轨迹仿真
5. 自动加

七、检验方法

外螺纹的检验方法有两种：综合检验和单项检验。通常我们进行综合检验，综合检验就是用环规对影响螺纹互换性的几何参数偏差的综合结果进行检验，如图 2—4—12 所示。

外螺纹环规分为通端与止端，如果被测外螺纹能够与环规通端旋合通过，且与环规止端不完全旋合通过（环规止端只允许与被测螺纹两段旋合，旋合量不得超过两个螺距），就表明被测外螺纹的中径没有超过其最大实体牙型的中径，且单一中径没有超出其最小实体牙型的中径，那么就可以保证旋合性和连接强度，则被测螺纹中径合格，否则不合格。

图 2—4—12　外螺纹环规

八、操作注意事项

1. 为了保证加工基准的一致性，在多把刀具对刀时，可以先用一把刀具加工出一个基准，其他各把刀具依次为基准进行对刀。

2. 加工螺纹时主轴转速、"倍率"不能改变，否则造成乱扣。

九、质量误差分析

螺纹加工误差分析见表 2—4—8。

表 2—4—8 螺纹加工误差分析

误差现象	产生原因	预防和解决方法
切削过程出现振动	1. 工件装夹不正确 2. 刀具安装不正确 3. 切削参数不正确	1. 检查工件安装，增加安装刚性 2. 调整刀具安装位置 3. 提高或降低切削速度
螺纹牙顶呈刀口状	1. 刀具角度选择错误 2. 螺纹外径尺寸过大 3. 螺纹切削过深	1. 选择正确的刀具 2. 检查并选择合适的工件外径尺寸 3. 减小螺纹切削深度
螺纹牙型过平	1. 刀具中心错误 2. 螺纹切削深度不够 3. 刀具牙型角度过小 4. 螺纹外径尺寸过小	1. 选择合适的刀具并调整刀具中心的高度 2. 计算并增加切削深度 3. 适当增大刀具牙型角 4. 检查并选择合适的工件外径尺寸
螺纹牙型底部圆弧过大	1. 刀具选择错误 2. 刀具磨损严重	1. 选择正确的刀具 2. 重新刃磨或更换刀片
螺纹牙型底部过宽	1. 刀具选择错误 2. 刀具磨损严重 3. 螺纹有乱牙现象	1. 选择正确的刀具 2. 重新刃磨或更换刀片 3. 检查加工程序中有无导致乱牙的原因 4. 检查主轴脉冲编码器是否松动、损坏 5. 检查 Z 轴丝杠是否有窜动现象
螺纹牙型半角不正确	刀具安装角度不正确	调整刀具安装角度
螺纹表面质量差	1. 切削速度过低 2. 刀具中心过高 3. 切削控制较差 4. 刀尖产生积屑瘤 5. 切削液选用不合理	1. 调高主轴转速 2. 调整刀具中心高度 3. 选择合理的进刀方式及切深 4. 选择合适的切削液并充分喷注
螺距误差	1. 伺服系统滞后效应 2. 加工程序不正确	1. 增加螺纹切削升、降速段的长度 2. 检查、修改加工程序

课题五　较复杂轴类零件编程与加工

学习目标

◆ 能够对较复杂轴零件进行数控车削工艺分析；

◆ 掌握多把刀对刀方法及刀具半径补偿的设置和应用；

◆ 完成零件两次装夹的操作加工；

◆ 应用 FNAUC—0i 系统 G00、G01、G02 \ G03、G90、G70、G71 指令综合手工编程。

任务引入

零件如图 2—5—1 所示，毛坯材料 $\phi50$ mm×152 mm，要求按图样单件加工。

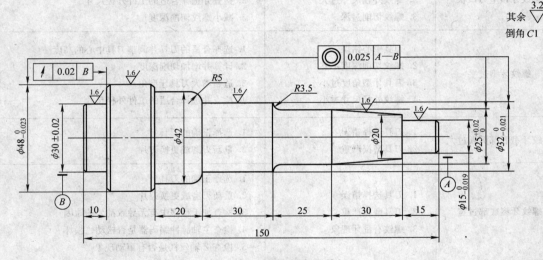

图 2—5—1　较复杂零件加工

任务分析

该零件为典型轴类零件，本课题介绍复合形状固定循环指令的应用、程序的编制、加工方法等内容。

相关知识

一、外圆粗车复合循环指令 G71

G71 指令在使用时只需在程序中指定精加工路线，给出粗加工每次吃刀量指令会自动重复切削，配合 G70 精加工循环，直至完成零件的加工。相对于 G01 和 G90，G71 指令使得编程变得简便，程序内容也大为缩短。该指令适于车削圆棒料毛坯的零件。

指令格式：

G71 U（Δd) R（e）；

G71 P（ns) Q（nf) U（Δu) W（Δw) F（f) S（s) T（t）；

说明：

Δd——X 向每次切削深度（半径值）；

e——退刀量；

ns——精加工形状程序的第一个段号；

nf——精加工形状程序的最后一个段号（终点为 B 点的程序段）；

Δu——X 方向上的精加工余量（直径值）；

Δw——Z 方向上的精加工余量；

f，s，t，包含在 ns 到 nf 程序段中的任何 F，S 或 T 功能在循环中被忽略，而在 G71 程序段中的 F，S 或 T 功能有效。

G71 指令段中的参数见图 2—5—2 所示。数控装置首先根据用户编写的精车加工路线和每次切削深度，在预留出 X 和 Z 向精加工余量后，计算出粗加工的刀数和每刀的路线坐标值，刀具按层以加工外圆柱面的形式将余量切除，然后形成与精加工轮廓相似的轮廓。粗加工结束后，可使用 G70 指令完成精加工。

如在上图中用程序决定 A 至 B 的精加工形状，以 Δd（分层切削深度）为参数车掉指定的区域，留精加工预留量 Δu/2 及 Δw。

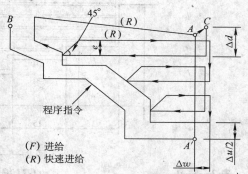

图 2—5—2　G70 指令线路及参数示意

刀具起始在点 A，此指令可实现背吃刀量为 Δd，精加工余量为 Δu/2 和 Δw 的粗加工循环。其中 Δd 为背吃刀量（半径值），该量无正负号，刀具的切削方向取决于 AA′ 方向；e 为退刀量，可由参数设定；ns 指定精加工路线的第一个程序段的顺序号；nf 指定精加工路线的最后一个程序段的顺序号。

二、G70 精加工循环指令

指令格式：G70 P（ns) Q（nf)

ns——精加工形状程序的第一个段号；

nf——精加工形状程序的最后一个段号。

G70 指令一般用于 G71、G72 或 G73 粗车削循环后，G70 按 G71，G72 或 G73 等指定的精加工路线，切除粗加工中留下的余量。其中 ns 指定精加工循环的第一个程序段的顺序号；nf 指定精加工循环的最后一个程序段的顺序号，共用 G71、G72 或 G73 指令中的 ns～nf 精加工路线段。

注意，在粗加工循环 G71，G72，G73 状态下，如在 G71，G72，G73 指令段以前或在指令段中指令了 F，S，T，则 G71，G73 中指令的 F，S，T 优先有效，而 N（ns) N（nf) 程序段中指令的 F，S，T 无效；在精加工循环 G70 状态下，则 N（ns) N（nf) 程序段中的 F，S，T 有效。在 G70～G73 功能中 N（ns）至 N（nf）间的程序段不能调用子程序。循环结束后刀具将快速回到循环起始点。

G71 指令大大简化编程及计算，不必考虑毛坯的粗加工路线及坐标的计算。只需在程序中设好循环起点，编制精加工路线，如图 2—5—3 所示。

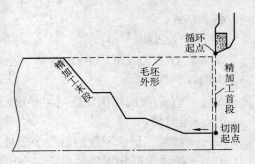

图 2—5—3 G71 编程路线

编程实例：如图 2—5—4 所示，用 G70，G71 编制加工程序。

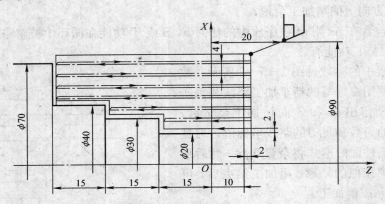

图 2—5—4 G71 编程举例

表 2—5—1

G71 编程举例切削程序

程序内容	程序说明
O2051；	程序名
N010 G99 M03 S600 T0101；	选 1 号刀，主轴正转，转速 600 r/min
N020 G00 X72.0 Z12.0	循环起点
N030 G71 U2.0 R0.5；	切深 2 mm，退刀 0.5 mm
N040 G71 P50 Q110 U1.0 W0.1 F0.2；	精车路线 N50 至 N110，精车余量 X 向 1 mm，Z 向 0.1 mm
N050 G00 X20.0；	加工轮廓起点
N060 G01 Z—15.0 F0.15；	加工 $\phi20$ mm 外圆
N070 X30.0；	加工 $\phi30$ mm 端面
N080 Z—30.0；	加工 $\phi30$ mm 外圆
N090 X40.0；	加工 $\phi40$ mm 端面
N100 Z—45.0；	加工 $\phi40$ mm 外圆
N110 G00 X72.0；	加工 $\phi70$ mm 端面 退刀
N120 G70 P50 Q110；	精加工指令
N130 X100.0 Z100.0；	退刀
N140 M05；	主轴停
N150 M30；	主程序结束并返回

三、固定形状粗车循环 G73

它适用于毛坯轮廓形状与零件轮廓形状基本接近的铸、锻毛坯件。

其指令格式为：

G73 U（Δi）W（Δk）R（d）；

G73 P（ns）Q（nf）U（Δu）W（Δw）F（f）S（s）T（t）；

说明：

Δi——粗切时径向切除的总余量（半径值）；

Δk——粗切时轴向切除的总余量；

d——循环次数。

其他参数含义同 G71 相同。

其走刀路线如图 2—5—5 所示。执行 G73 功能时，每一刀的切削路线的轨迹形状是相同的，只是位置不同。每走完一刀，就把切削轨迹向工件移动一个位置，因此对于经锻造、铸造等粗加工已初步成型的毛坯，可高效加工。

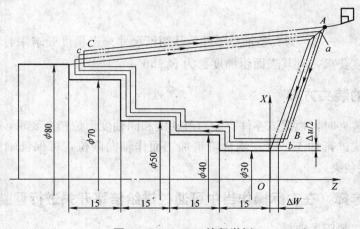

图 2—5—5　G73 编程举例

表 2—5—2　G73 编程举例切削程序

程序内容	程序说明
O2052；	程序名
N010 G99 M03 S600 T0101；	选 1 号刀，主轴正转，转速 600 r/min
N020 G00 X120.0 Z30.0	循环起点
N030 G73 U25.0 W25.0 R10；	X 向切削深 25 mm，Z 向 25 mm，循环次数 10 刀
N040 G73 P50 Q130 U1.0 W0.1 F0.2；	精车路线 N50 至 N130，精车余量 X 向 1 mm，Z 向 0.1 mm
N050 G00 X30.0；	加工轮廓起点
N060 G01 Z—15.0 F0.15；	加工 ϕ30 mm 外圆
N070 X40.0；	加工 ϕ40 mm 端面
N080 Z—30.0；	加工 ϕ40 mm 外圆

程序内容	程序说明
N090 X50.0；	加工 ϕ50 mm 端面
N100 Z—45.0；	加工 ϕ50 mm 外圆
N110 X70.0	加工 ϕ70 mm 端面
N120 Z—60.0	加工 ϕ70 mm 外圆
N130 G00 X85.0；	退刀
N140 G70 P50 Q130；	精加工指令
N150 X100.0 Z100.0；	退刀
N160 M05；	主轴停
N170 M30；	主程序结束并返回

任务实施

一、图样分析

此零件（图 2—5—1）为典型轴类零件，从图纸尺寸外形精度要求来看，有五处径向尺寸都有较高的精度要求，且其表面粗糙度都为 R_a1.6 μm。

二、确定工件的装夹方案

粗、精加工装夹时，根据该零件有端面跳动度和同轴度形位精度要求，此零件可采用一夹一顶的装夹方式进行加工，以左端台阶精加工面作轴向限位，可保证轴向尺寸的一致性（也可采用两顶尖装夹）。

三、切削用量选择（在实际操作当中可通过进给倍率开关进行调整）

（1）粗加工切削用量选择：

切削深度 a_p＝2～3 mm（单边）；

主轴转速 n＝800～1 000 r/min；

进给量 F＝0.1～0.2 mm/r。

（2）精加工切削用量选择：

切削深度 a_p＝0.3～0.5 mm（双边）；

主轴转速 n＝1 500～2 000 r/min；

进给量 F＝0.05～0.07 mm/r。

四、确定加工路线

（1）粗、精加工零件左端 ϕ30 mm 及 ϕ48 mm 外圆并倒两直角

装夹毛坯，伸出约 50 mm，此处为简单的台阶外圆，可应用 G01 和 G90 或 G71 和 G70 编制加工程序。

（2）加工右端型面

①工件调头，装夹 $\phi30$ mm 外圆，顶上顶尖。

②用 G71 指令粗去除 $\phi15$ mm，$\phi25$ mm，$\phi32$ mm，$\phi42$ mm 外圆尺寸，X 向留 0.5 mm，Z 向留 0.1 mm 的精加工余量。

（3）用 G70 指令进行外形精加工

五、填写加工刀具卡和工艺卡（表 2—5—3）

表 2—5—3 　　　　　　　　　　工件刀具工艺卡

零件图号	2—5—1	数控车床加工工艺卡		机床型号	CKA6150
零件名称	较复杂零件加工			机床编号	
刀具表				量具表	
刀具号	刀补号	刀具名称	刀具参数	量具名称	规格（mm/mm）
T01	01	93°外圆粗、精车刀	D 型刀片 $R=0.4$ mm	游标卡尺 千分尺	0～150/0.02 25～50/0.01
T02	02	93°外圆精车刀	D 型刀片 $R=0.4$ mm	游标卡尺 千分尺	0～150/0.02 25～50/0.01
T03	03	60°外螺纹车刀		游标卡尺 环规	0～150/0.02 M20×2

工序	工艺内容	切削用量			加工性质
		S（r/min）	F（mm/r）	a_p（mm）	
1	粗车外形	600～800	0.2	2	自动
2	精车外形	1 200	0.1	0.5～1	自动
3	切槽	400	0.15		自动
4	车螺纹	600	2		自动
5	切断	600	0.15		手动

六、编写加工程序（表 2—5—4）

表 2—5—4 　　　　　　　　　　较复杂零件切削程序

程 序 内 容	程 序 说 明
O2053；	程序名
N010 G99 M03 S800 T0101；	1 号车刀，主轴转速 800 r/min
N020 G00 X52.0 Z2.0；	G71 循环起点
N030 G71 U2.0 R0.5；	切深 2 mm，退刀 0.5 mm
N040 G71 P50 Q120 U0.5 W0.1 F0.2；	精车路线 N50 至 N120
N050 G00 X28.；	精车第一段（须单轴运动）
N060 G01 Z0；	倒角起点（X28）
N070 G01 X30 Z−1.0；	倒角
N080 Z−10.0；	$\phi30$ mm 外圆

续表

程 序 内 容	程 序 说 明
N090 X46.0；	平台阶
N100 X48.0 W−1.0；	倒第二处角
N110 Z−32.0；	ϕ48 mm 外圆精车最后一段
N120 X52.0；	
N130 G70 P50 Q120 F0.1；	精车循环加工
N0140 X100.0 Z5.0；	退刀（注意 Z 向距离）
N150 M05；	主轴停止
N160 M30；	程序结束
O2054	加工右面（程序号）
N010 G99 M03 S800 T0101；	1 号粗车刀，主轴转速 800 r/min
N020 G00 X52.0 Z2.0；	G71 循环起点
N030 G71 U2.0 R0.5；	每刀单边切深 2 mm，退刀量 0.5 mm
N040 G71 P50 Q180 U0.5 W0.1 F0.2；	精车路线 N050 至 N180
N050 G00 X13.0；	精车首段
N060 G01 Z0；	倒角起点
N070 G01 X15.0 Z−1.0；	倒角
N080 Z−15.0；	加工 ϕ15 mm 外圆
N090 X20.0；	锥体起点
N100 X25.0 W−30.0；	车锥体
N110 W−21.5；	加工 ϕ25 mm 外圆
N120 G02 X32.0 W−3.5 R3.5；	车 R3.5 mm 圆角
N130 W−30.0；	加工 ϕ32 mm 外圆
N140 G03 X42.0 W−5.0 R5.0；	车 R5 mm 圆角
N150 G01 Z−120.0；	加工 ϕ42 mm 外圆
N160 X46.0；	倒角起点
N170 X49.0 W−1.5；	倒角
N180 X50.0；	末段（附加段）
N190 X100.0 Z5.0；	退刀（注意 Z 向距离）
N200 G99 T0202 M03 S1000；	换 2 号精车刀，主轴转速 1 000 r/min
N210 G00 X52.0 Z2.0；	建立工件坐标快移到循环起点
N220 G70 P50 Q180 F0.1；	G70 精加工外形
N230 X100.0 Z5.0；	退刀
N240 M05；	主轴停止
N250 M30；	程序结束

七、加工过程

1. 此工件要经两个程序加工完成，所以调头时重新确定工件原点，程序中编程原点要与工件原点相对应。执行完成第一个程序后，工件调头执行另一程序时需重新对两把刀的 Z 向原点，因为 X 向原点在轴线上，无论工件大小都不会改变的，所以 X 方向不必再次对刀。

2. 输入程序。

3. 进行程序校验及加工轨迹仿真。

4. 自动加工。

5. 零件精度检测。

八、操作注意事项

1. 采用顶尖装夹方式最要注意的是刀具和刀架与尾座顶尖之间的距离。刀伸出长度要适当，要确认刀尖能到达 $\phi28$ mm 时刀架不与尾座碰撞；

2. 刀头宽度及起刀点离 Z 向距离要适当；

3. 换刀点只能在工件正上方一适当安全位置，程序里不能用 G28 回参考点指令，以免发生碰撞。

思考与练习

1. 数控车床对刀具有哪些要求？

2. 试述轴类零件装夹特点及方法。

3. G00 与 G01 指令有哪些区别？

4. 为什么要用刀具半径补偿？刀具半径补偿有哪几种？指令是什么？

5. 试述圆锥面和圆弧面有哪几种车削方法？

6. 在指定圆心的圆弧插补指令中，I、K 的正负号是怎样确定的？

7. 常见车螺纹的进刀方式、切深的分配方式是什么？

8. 为什么车螺纹要设置升、降速段？

9. 说明 G34 指令的含义与功能。

10. 子程序指令的主要功能是什么？

11. 说明子程序指令应用的格式。

12. 说明螺纹切削复合循环（G92）的格式。

13. 在数控车床上加工多线螺纹如何分头？

14. 常见槽与螺纹的加工误差有哪些？

15. 在数控车床加工螺纹时，螺距会出现误差吗？原因有哪些？

16. 应用轴类零件加工指令编写下列零件加工程序。

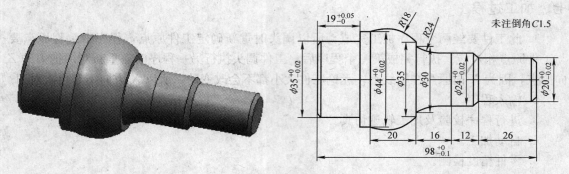

题图 2—1　编程一

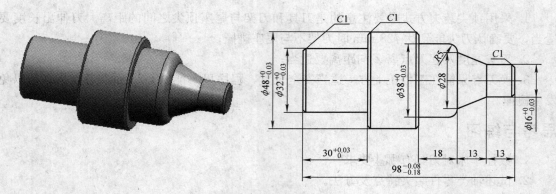

题图 2—2　编程二

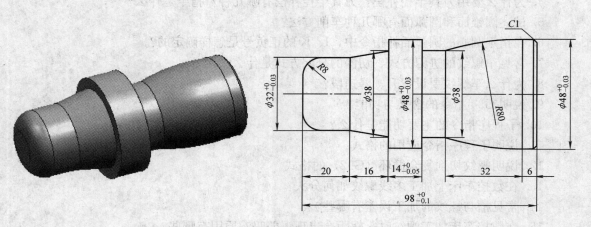

题图 2—3　编程三

套类零件的编程与加工

课题一　简单套类零件的编程与加工

学习目标
- ◆ 能够对简单套类零件进行数控车削工艺分析；
- ◆ 会选择加工套类零件常用的刀具；
- ◆ 掌握常用的一种对刀方法，完成一把刀的正确对刀；
- ◆ 掌握 G00、G01、G90 的应用及手工编程方法，完成零件的加工。

任务引入

用数控车床加工图 3—1—1 所示的简单套类零件，工件长度为 44 mm，外圆两个阶台尺寸分别为 $\phi45$ mm、$\phi65$ mm，两端同轴度要求为 0.04 mm，并有一个 C1 倒角。内孔两个阶台尺寸分别为 $\phi30$ mm、$\phi52$ mm，内孔中两阶台端面垂直度要求为 0.02 mm，有一个 C5 倒角和一个 4 mm×2 mm 的内槽。

任务分析

图 3—1—1 所示为简单套类零件，该零件表面由两个阶台组成，其中多个直径尺寸与轴向尺寸有较高的尺寸精度和表面粗糙度要求。零件图尺寸标注完整，符合数控加工尺寸标注要求；轮廓描述清楚完整；零件材料为 45 号钢，加工切削性能较好，无热处理和硬度要求。

套类零件是机械加工中常见的一种加工形式，套类零件要求除尺寸、形状精度外，内孔一般作为配合和装配基准，孔的直径尺寸公差等级一般为 IT7，精密轴套可取 IT6，孔的形状精度应控制在孔径公差以内。对于长度较长的轴套零件，除了圆度要求以外，还应注意内孔面的圆柱度，端面内孔轴线的圆跳动和垂直度，以及两端面的平行度等项要求。

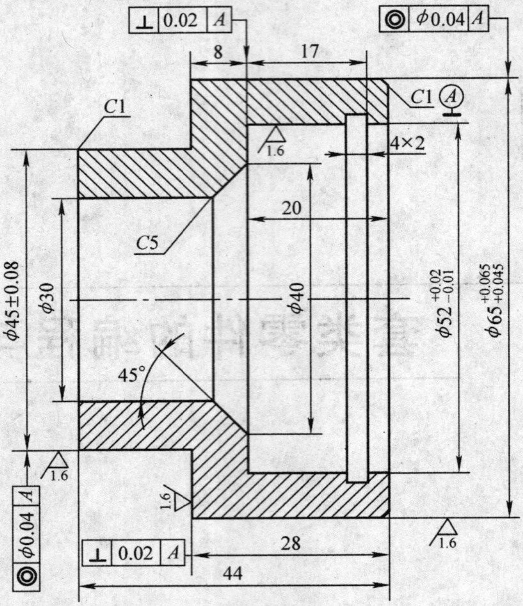

图 3—1—1　简单套类零件

相关知识

套类零件一般指零件的内外圆直径差较小，并以内孔为主要特征的零件。套类零件在机器设备中用得非常普遍，多与同属性回转体的轴类零件配合。零件的主要表面为同轴度要求较高的内外圆表面；零件壁的厚度较薄且易变形。套类零件的结构一般由孔、外圆、端面、沟槽，以及内螺纹、内锥面和内型面等组成。套类零件大都带有"中孔"，常见的有轴承套、衬套、齿轮、带轮、轴承端盖等，如图 3—1—2 所示。

一、套类零件的装夹方案

套类零件的内外圆、端面与基准轴线都有一定的形位精度要求，套类零件精基准可以选择外圆，但常以中心线及一个端面为精加工基准。对不同结构的套类零件，不可能用一种工艺方案就可以保证其形位精度要求。

根据套类零件的结构特点，数控车加工中可采用三爪卡盘、四爪卡盘或花盘装夹，由于三爪卡盘定心精度存在误差，不适于同轴度要求高的工件的二次装夹。对于能一次加工完成内外圆端面、倒角、切断的小套类零件，可采用三爪卡盘装夹；较大零件经常采用四爪卡盘或花盘装夹；对于精加工零件一般可采用软卡爪装夹，也可以采用心轴上装夹；对于较复杂的套类零件有时也采用专用夹具来装夹。

二、刀具的选择

加工套类零件外圆柱面的刀具选择与轴类零件相同。加工内孔是套类零件的特征之一，

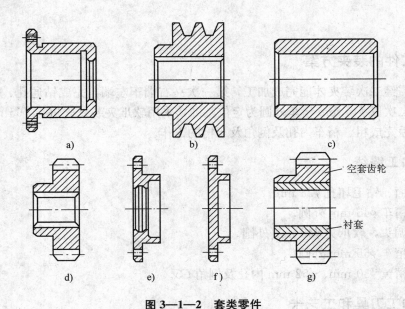

图 3—1—2　套类零件
a）轴承套　b）带轮　c）套筒　d）齿轮　e）、f）轴承盖　g）衬套

根据内孔工艺要求，加工方法较多，常用的有钻孔、扩孔、铰孔、镗孔、磨孔、拉孔、研磨孔等。

　　套类零件一般包括内外圆、锥面、圆弧、槽、孔、螺纹等结构。根据加工需要，常用的刀具还有粗车镗孔车刀、精车镗孔车刀、内槽车刀、内螺纹车刀以及特殊形状的成型车刀等。

三、切削用量的选择

　　根据被加工表面质量要求、刀具材料和工件材料，参考切削用量手册或有关资料选取切削速度与每转进给量，然后计算主轴转速与进给速度（计算过程略），并将结果填入工序卡中。

　　背吃刀量的选择因粗、精加工而有所不同。粗加工时，在工艺系统刚性和机床功率允许的情况下，尽可能取较大的背吃刀量，以减少进给次数；精加工时，为保证零件表面粗糙度要求，背吃刀量一般取 0.1～0.4 mm 较为合适。

四、切削液的选择

　　套类零件在数车加工中比轴类零件有更大的难度，由于套类零件的特性使得切削液不易达到切削区域，切削区的温度较高，切削车刀的磨损也比较严重。为了使工件减少加工变形，提高加工精度，应根据不同的工件材料，选择适合的切削液，并即时调整切削液的浇注位置。

任务实施

一、确定工件的装夹方案

此零件需经二次装夹才能完成加工，第一次夹右端车左端，完成钻通孔、$\phi45$ mm 外圆的加工；第二次以 $\phi45$ mm 精车外圆为定位基准，采用软爪夹装，先进行 $\phi65$ mm 外圆的加工工作，然后完成粗、精车内孔及倒角及车槽的工作。

二、确定加工路线

1. 平端面、钻毛坯孔 $\phi28$ mm。
2. 粗、精车 $\phi45$ mm 外圆。
3. 工件调头，软爪夹 $\phi45$ mm 外圆。
4. 粗、精车 $\phi65$ mm 外圆。
5. 粗、精镗 $\phi30$ mm、$\phi52$ mm 内孔及倒角 $C5$。

三、填写加工刀具和工艺卡

图 3—1—1 所示简单套类零件的加工刀具和工艺卡见表 3—1—1。

表 3—1—1　　　　　　　　　　加工工件的刀具和工艺卡

零件图号	3—1—1	数控车床加工工艺卡		机床型号	CKA6150
零件名称	简单套类零件			机床编号	
刀具表				量具表	
刀具号	刀补号	刀具名称	刀具参数	量具名称	规格（mm/mm）
T01	01	93°外圆车刀	D 型刀片（图 3—1—3）	游标卡尺 千分尺	0～150/0.02 50～75/0.01
T02	02	91°镗孔车刀	T 型刀片（图 3—1—4）	内径百分表	25～50/0.01
T08	08	钻头 $\phi28$		游标卡尺	0～150/0.02

工序	工艺内容	切削用量			加工性质
		S（r/min）	F（mm/r）	α_p（mm）	
1	车端面确定基准	800	0.2～0.3	2	自动
2	钻孔	300	0.2～0.3	4	手动
3	车 $\phi45$ mm 外圆	1 200	0.1～0.2	0.5～2	自动
4	调头软爪夹 $\phi45$ 外圆，车端面确定基准	1 000	0.05～0.1	0.5～1.5	自动
5	车 $\phi65$ mm 外圆	1 200	0.1～0.2	0.5～2	自动
6	镗孔至尺寸	1 000	0.05～0.1	0.3～3	自动

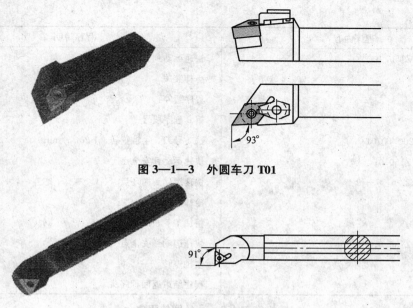

图 3—1—3 外圆车刀 T01

图 3—1—4 镗孔刀 T02

四、编写加工程序

根据图 3—1—1 所示零件，分析了工件内外圆及内槽的加工路线，并且确定了加工时的装夹方案，以及采用的刀具和切削用量，根据工艺过程按工序内容划分三个部分，并对应编制三个程序以完成加工。

表 3—1—2 为 Fanuc 0i 数控系统的机床，粗、精车 $\phi45$ mm 外圆的程序；表 3—1—3 为 Fanuc 0i 数控系统的机床粗、精车 $\phi65$ mm 外圆的程序；表 3—1—4 为 Fanuc 0i 数控系统的机床镗孔的程序。

表 3—1—2 机床钻孔、车 $\phi45$ mm 外圆的程序

程序内容	程序说明
O0001；	主程序
N1；	第 1 程序段号
G99 M03 S800 T0101；	选 1 号刀，主轴正转，800 r/min
G00 X200.0 Z150.0；	快速运动到安全点
G00 X68.0 Z2.0；	快速运动到循环点
M08；	冷却液开
G71 U1.5 R0.5；	粗加工 $\phi45$ mm 外圆循环
G71 P10 Q20 U0.5 W0.05 F0.15；	
N10 G00 X0；	循环加工起始段程序
G01 Z—16.0；	
N20 G00 X68.0；	循环加工终点段程序

程序内容	程序说明
G00 X200.0 Z150.0;	快速运动到安全点
M09;	冷却液关
M00;	程序暂停
N2;	第 3 程序段号
G99 M03 S1200 T0101;	选 1 号刀，主轴正转，1 200 r/min
G00 X200.0 Z150.0;	快速运动到安全点
G00 X70.0 Z2.0;	快速运动到循环点
M08;	冷却液开
G70 P10 Q20;	精加工 ϕ45 mm 外圆循环
G00 X200.0 Z150.0;	快速运动到安全点
M05	主轴停转
M30;	程序结束返回程序头

表 3—1—3　　　　　　　　　　　机床车 ϕ65 mm 外圆的程序

程序内容	程序说明
O0002;	主程序
N1;	第 1 程序段号
G99 M03 S800 T0101;	选 1 号刀，主轴正转，800 r/min
G00 X200.0 Z150.0;	快速运动到安全点
G00 X68.0 Z2.0;	快速运动到循环点
M08;	冷却液开
G71 U1.5 R0.5;	粗加工 ϕ65 mm 外圆循环
G71 P10 Q20 U0.5 W0.05 F0.15;	
N10 G00 X65.0;	循环加工起始段程序
G01 Z—28.0;	
N20 G00 G40 X68.0;	循环加工终点段程序
G00 X200.0 Z150.0;	快速运动到安全点
M09;	冷却液关
M00;	程序暂停
N2;	第 2 程序段号
G99 M03 S1200 T0101;	选 1 号刀，主轴正转，转速 1 200 r/min
G00 X200.0 Z150.0;	快速运动到安全点
G00 X68.0 Z2.0;	快速运动到循环点
M08;	冷却液开
G70 P10 Q20;	精加工 ϕ65 mm 外圆循环
G00 X200.0 Z150.0;	快速运动到安全点
M05	主轴停转
M30;	程序结束返回程序头

表 3—1—4	机床镗孔的程序
程序内容	程序说明
O0002;	主程序
N1;	第 1 程序段号
G99 M03 S800 T0202;	换镗孔车刀，转速 800 r/min
G00 X200.0 Z150.0;	快速运动到安全点
G00 X26.0 Z2.0;	快速运动到循环点
M08;	冷却液开
G71 UI.5 R0.5;	粗加工镗孔循环
G71 P10 Q20 U—0.3 W0.05 F0.15;	
N10 G00 X52.0;	循环加工起始段程序，刀具左补偿
G01 Z—20.0 F0.1;	车直孔 $\phi 52$
X40.0;	车锥孔
X30.0 Z—25.0;	车直孔 $\phi 30$
N20 G00 X26.0;	循环加工终点段程序，取消刀具补偿
G00 Z150 M09;	快速运动到安全点，冷却液关
M05;	主轴停止
M00;	程序暂停
N2;	第 2 程序段号
G99 M03 S1200 T0202;	主轴正转，1 200 r/min
M08;	冷却液开
G00 X26.0 Z2.0;	快速运动到循环点
G70 P10 Q20;	镗孔精加工循环
G00 X200.0 Z150.0;	快速运动到安全点
M09;	冷却液关
M05;	主轴停转
M30;	程序结束返回程序头

五、加工过程

1. 装刀过程

根据刀具工艺卡片，准备好要用的刀具，机夹式刀具要认真检查刀片与刀体的接触和安装是否正确无误，螺钉是否已经拧牢固。按照刀具卡的刀号分别将相应的刀具安装在刀盘中。装刀时要一把一把地装，通过试切工件的端面，不断地调整垫刀片的高度，保证刀具的切削刃与工件的中心在同一高度的位置，然后将刀具压紧。

注意，刀架中的刀具与刀号的关系一定要与刀具卡一致。如果相应的刀具错误，将会发生碰撞危险，造成工件报废，机床受损，甚至造成人身伤害。

2. 对刀过程

数控车床的对刀一般采用试切法，用所选的刀具试切零件的外圆和端面，经过测量和计算得到零件端面中心点的坐标值。这种方法，首先要知道进行程序编制时所采用的编程坐标系原点在工件的位置；然后通过试切，找到所选刀具与坐标系原点的相对位置，将相应的偏置值输入刀具补偿的寄存器中。

常用的方法是对每一把刀具分别对刀，将刀具偏移量分别输入寄存器。对刀的步骤如下：

(1) 选择一把刀具；

(2) 试切端面，保持 Z 方向不动，沿 X 向退出刀具；

(3) 进入刀具偏置寄存器的形状补偿，在相应的刀补号中输入 Z0；

(4) 按面板的"测量"键，就将 Z 向的偏移值输入刀补中了；

(5) 试切外径，保持 X 方向不动，沿 Z 向退出刀具，并记录直径值；

(6) 进入刀具偏置寄存器的形状补偿，在相应的刀补号中输入直径值；

(7) 按面板的"测量"键，就将 X 向的偏移值输入刀补中了。

接着调用下一把刀具，重复以上操作将相应的偏置值输入刀具补偿中，直到完成所有刀具偏移值的输入。

内孔车刀的对刀的方法是试切内孔测量孔径，将偏移值输入到寄存器中相应的形状补偿；长度方向的补偿值与外圆刀测量方法一样。

另外，还可以用手动脉冲的方法，在已经加工的工件面上进行对刀，这种方法对刀时，一定要注意在靠近工件后，应该采用小于 0.01 mm 的倍率来移动刀具，直到接触工件为止，注意不要切削过大而造成工件报废。

3. 程序模拟仿真

为了使加工得到安全保证，在加工之前先要对程序进行模拟验证，检查程序的正确性。程序的模拟仿真对于初学者来讲是非常好的一种检查程序正确与否的办法，Fanuc 0i 数控系统具有图形模拟功能，通过刀具的运动路线可以检查程序是否符合加工零件的程序，如果路线有问题可对程序进行调整。另外，还可以利用数控车仿真软件在计算机上进行仿真模拟，也能起到很好的效果。

4. 机床操作

先将"快速进给"和"进给速率调整"开关的倍率拨到"零"上，启动程序，慢慢地调整"快速进给"和"进给速率调整"旋钮，直到刀具切削到工件。这一步的目的是检验车床的各种设置是否正确，如果不正确有可能发生碰撞现象，可以迅速地停止车床的运动。

当切到工件后，通过调整"进给速率调整"和"主轴转速"调整旋钮，使得切削三要素进行合理的配合，就可以持续地进行加工了，直到程序运行完毕。

在加工中，要适时地检查刀具的磨损情况，工件的表面加工质量，保证加工过程的正确，避免事故的发生。每运行完一个程序后，应检查程序的运行效果，对有明显过切或表面粗糙度达不到要求的，应立即进行必要的调整。

六、检测方法

(一) 内测千分尺

内测千分尺可用来测量小尺寸内径和内侧面槽的宽度。其特点是容易找正内孔直径，测量方便。国产内测千分尺的读数值为 0.01 mm，测量范围有 5~30 mm 和 25~50 mm 两种，图 3—1—5 所示是 5~30 mm 的内测千分尺。内测千分尺的读数方法与外径千分尺相同，只是套筒上的刻线尺寸与外径千分尺相反。另外，它的测量方向和读数方向也都与外径千分尺相反。

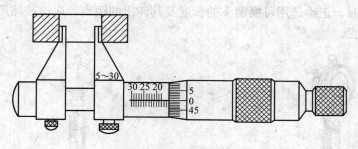

图 3—1—5　内径千分尺

（二）三爪内径千分尺

三爪内径千分尺适用于测量中小直径的精密内孔，尤其适于测量深孔的直径。测量范围（mm）：6～8、8～10、10～12、11～14、14～17、17～20、20～25、25～30、30～35、35～40、40～50、50～60、60～70、70～80、80～90、90～100。三爪内径千分尺的零位必须在标准孔内进行校对。

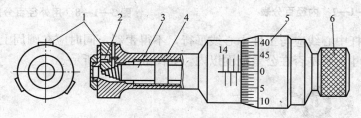

图 3—1—6　三爪内径千分尺
1—测量爪　2—扭簧　3—测微螺杆　4—螺纹轴套　5—测微套筒　6—测力装置

三爪内径千分尺的工作原理如图 3—1—6 所示。其测量范围为 11～14 mm，当顺时针旋转测力装置 6 时，就带动测微螺杆 3 旋转，并使它沿着螺纹轴套 4 的螺旋线方向移动，于是测微螺杆端部的方形圆锥螺纹就推动三个测量爪 1 做径向移动。扭簧 2 的弹力使测量爪紧紧地贴合在方形圆锥螺纹上，并随着测微螺杆的进退而伸缩。

三爪内径千分尺的方形圆锥螺纹的径向螺距为 0.25 mm，即当测力装置顺时针旋转一周时测量爪 1 就向外移动（半径方向）0.25 mm，三个测量爪组成的圆周直径就要增加 0.5 mm。也就是微分筒旋转一周时，测量直径增大 0.5 mm，而微分筒的圆周上刻着 100 个等分格，所以它的读数值为 0.5 mm÷100＝0.005 mm。

（三）内径百分表的使用方法

内径百分表用来测量圆柱孔，它附有成套的可调测量头，如图 3—1—7 所示。使用前必须先进行组合和校对零位。

组合时，将百分表装入连杆内，使小指针指在 0～1 的位置上，长针和连杆轴线重合，刻度盘上的字应垂直向下，以便于测量时观察，装好后应予紧固。粗加工时，最好先用游标卡尺或内径千分尺测量。因为内径百分表同其他精密量具一样，属于贵重仪器，其好坏与精确直接影响到使用寿命和工件的加工精度。粗加工时，工件加工表面粗糙不平而测量不准确，同时会使测头易磨损。因此，须加以爱护和保养，精加工时再用其进行测量。

测量前，应根据被测孔径大小用外径百分尺调整好尺寸后才能使用，如图 3—1—8 所示。在调整尺寸时，正确选用可换测头的长度及其伸出的距离，应使被测尺寸在活动测头总移动量的中间位置。

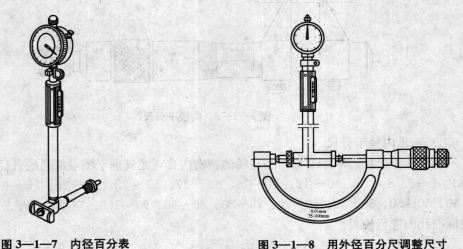

图 3—1—7　内径百分表　　　　　　　图 3—1—8　用外径百分尺调整尺寸

测量时，连杆中心线应与工件中心线平行，不得歪斜，同时应在圆周上多测几个点，找出孔径的实际尺寸，看是否在公差范围以内，如图 3—1—9 所示。

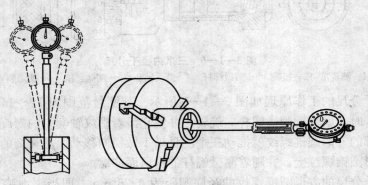

图 3—1—9　内径百分表的使用方法

七、操作注意事项

1. 为了保证加工基准的一致性，在多把刀具对刀时，可以先用一把刀具加工出一个基准，其他各把刀具依次为基准进行对刀。

2. 因为加工该零件时要经过二次装夹，所以要注意工件坐标系改变后，每一把车刀都需要重新对刀。否则会出现撞刀事故，造成严重的损失。

3. 内孔车刀的选择应注意内孔的大小，不要使车刀的背面与工件发生干涉。加工时注意排屑和冷却。

课题二　锥孔的编程与加工

任务引入

图 3—2—1 所示为内锥孔零件，该零件长 40 mm，直径 $\phi40$ mm，内孔直径 $\phi24$ mm，内锥面长度 24 mm，前端孔直径 $\phi30$ mm，末端孔直径 $\phi24$ mm，采用 G71 复合循环指令进行加工。

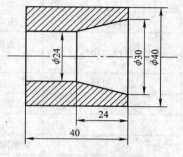

图 3—2—1　内锥孔零件

任务分析

内锥孔加工是数控车床加工比较有代表性的一种加工，它比普通车床设备加工效率高出很多，通过程序的编制能较好地保证加工质量。内锥孔通常都是与外锥面配合而达到定心、锁紧、传递动力等目的。

内锥孔的加工方式根据锥孔的类型而异，对于加工余量较小的锥孔零件可直接采用 G01 编程加工；对于余量较大的锥孔零件可用 G90 指令进行粗加工去除余量，再用 G01 指令进行精加工；对于形状较复杂、较难加工的零件可采用 G71 粗车复合循环进行粗加工任务，再用 G70 指令完成精加工任务。

任务实施

一、确定工件的装夹方案

此零件需经二次装夹才能完成加工，第一次夹毛坯，完成 $\phi40$ 外圆、$\phi24$ 内孔和锥孔的加工，然后切断。第二次以 $\phi40$ 精车外圆为定位基准，采用软爪夹装完成右端外形加工。

二、确定加工路线

1）平端面、钻毛坯孔 $\phi22$ mm。

2）粗、精车 $\phi40$ mm 部分外圆。

3）粗、精镗 $\phi24$ mm 内孔和锥孔。

4）工件调头，软爪夹 $\phi40$ mm 已加工表面。

5）车端面保总长。

三、填写加工刀具卡和工艺卡

图 3—2—1 所示内锥孔零件的加工刀具和工艺卡见表 3—2—1。

表 3—2—1 加工工件的刀具和工艺卡

零件图号		3—2—1	数控车床加工工艺卡	机床型号	CKA6150
零件名称		套		机床编号	

刀具表				量具表	
刀具号	刀补号	刀具名称	刀具参数	量具名称	规格（mm/mm）
T01	01	93°外圆精车刀	D 型刀片	游标卡尺 千分尺	0～150/0.02 25～50/0.01
T02	02	镗孔车刀	T 型刀片	千分尺	0.01
T03		切断刀		游标卡尺	0～150/0.02
		钻头 $\phi22$		游标卡尺	0～150/0.02

工序	工艺内容	切削用量			加工性质
		S (r/min)	F (mm/r)	α_p (mm)	
1	车外圆、端面确定基准	800	0.2～0.3	2	自动
2	钻孔	300	0.2～0.3	15	手动
3	车外圆	1 200	0.1～0.2	0.5～2	自动
4	镗锥孔、镗孔至尺寸、切断	1 000	0.05～0.1	0.3	自动
5	调头软爪夹 $\phi40$ 外圆，车端面确定基准	1 000	0.05～0.1	0.5～1.5	自动

四、编写加工程序

根据图 3—2—1 所示零件，分析了工件的加工路线，并且确定了加工时的装夹方案，以及采用的刀具和切削用量，根据工艺过程按工序内容划分三个部分，并对应编制三个程序以完成加工。在这里只列出镗孔的程序。

表 3—2—2 所列为 Fanuc 0i 数控系统的机床镗孔的程序。

表 3—2—2 机床镗孔的程序

程序内容	程序说明
O0002;	主程序
N1;	第 1 程序段号
G99 M03 S1000 T0202;	换镗孔车刀，转速 1 000 r/min
G00 X200.0 Z150.0;	快速运动到安全点
G00 X20.0 Z2.0;	快速运动到循环点
M08;	冷却液开
G71 U1.5 R0.5;	粗加工镗孔循环
G71 P10 Q20 U−0.3 W0.05 F0.15;	
N10 G00 X30.0;	循环加工起始段程序
G01 Z0.0 F0.1;	锥孔起点

续表

程 序 内 容	程 序 说 明
X24.0 Z−24.0;	车锥孔
Z−40.0	车直孔
N20 G00 X20.0;	循环加工终点段程序
G00 Z250 M09;	快速运动到安全点，冷却液关
M05;	主轴停止
M00;	程序暂停（测量）
N4;	第4程序段号
G99 M03 S1200 T0202;	主轴正转，1 200 r/min
G00 Z250.0;	快速运动到安全点
M08;	冷却液开
G00 X20.0 Z2.0;	快速运动到循环点
G70 P10 Q20;	镗孔精加工循环
G00 X200.0 Z150.0;	快速运动到安全点
M09;	冷却液关
M30;	程序结束返回程序头

五、加工过程

加工过程与本模块的课题一相同。

1. 装刀。

2. 对刀。

3. 程序模拟仿真。

4. 机床操作。

六、加工注意事项

1. 为了保证加工基准的一致性，在多把刀具对刀时，可以先用一把刀具加工出一个基准，其他各把刀具依次为基准进行对刀。

2. 因为加工零件时要经过三次装夹，所以要注意工件坐标系改变后，每一把车刀都需要重新对刀；否则会出现撞刀事故，造成严重的损失。

3. 内孔车刀的选择注意内孔的大小，不要使车刀的背面与工件发生干涉。加工时注意排屑和冷却。

课题三 内槽的编程与加工

任务引入

加工如图 3—3—1 所示的内槽零件，该零件长 40 mm，内盲孔直径 φ30 mm，长度 24 mm，内有一直径 φ34 mm 退刀槽，宽度 4 mm。采用 G01 指令编程加工。

相关知识

常见的内槽如图 3—3—2 所示，图 3—3—2a 为内 T 形槽和退刀槽，作用是在内 T 形槽内嵌入油毛毡，以防尘和防止滚动轴承的油脂溢出。图 3—3—2b 为轴承中较长的内槽，作用是通过和储存润滑油。图 3—3—2c 为各种阀中的内槽，是通油或通气用的，这类内槽一般要求较高的轴向定位精度。

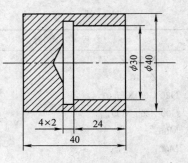

图 3—3—1 内槽零件

内槽通常采用 G01 指令编程完成加工，如深度较小、形状较简单的退刀槽等。对于深度和长度较长的内槽，可用 G75 复合循环进行加工。

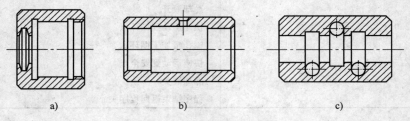

图 3—3—2 常见的内槽

a）T 形槽和退刀槽 b）轴承的内槽 c）阀的内槽

任务实施

一、确定工件的装夹方案

此零件需经二次装夹才能完成加工，第一次装夹，完成 $\phi40$ 外圆加工、$\phi30$ 内盲孔、内退刀槽的加工。第二次以 $\phi40$ 精车外圆为定位基准，车端面保总长。

二、确定加工路线

1. 平端面、钻毛坯孔 $\phi28$ mm。
2. 粗、精车 $\phi40$ mm 外圆。
3. 粗、精车 $\phi30$ mm 内孔。
4. 切内槽。
5. 切断。
6. 车端面保总长。

三、填写加工刀具卡和工艺卡

图 3—3—1 所示内槽零件的加工刀具和工艺卡见表 3—3—1。

四、编写加工程序

根据图 3—1—1 所示零件，分析了工件的加工路线，并且确定了加工时的装夹方案，以

表 3—3—1　　　　　　　　　　　加工工件的刀具和工艺卡

零件图号	3—3—1	数控车床加工工艺卡		机床型号	CKA6150
零件名称	套			机床编号	

刀具表				量具表	
刀具号	刀补号	刀具名称	刀具参数	量具名称	规格（mm/mm）
T01	01	93°外圆精车刀	D 型刀片	游标卡尺　千分尺	0～150/0.02　25～50/0.02
T02	02	镗孔车刀	T 型刀片	千分尺	25～50/0.01
T03	03	内切槽刀	T 型刀片（图 3—3—3）		
		切断刀	刀宽 4 mm	游标卡尺	0～150/0.02
		钻头 $\phi28$		游标卡尺	0～150/0.02

工序	工艺内容	切削用量			加工性质
		S（r/min）	F（mm/r）	α_p（mm）	
1	车外圆、端面确定基准	800	0.2～0.3	2	自动
2	钻孔	300	0.2～0.3	15	自动
3	车外圆	1 200	0.1～0.2	0.5～2	自动
4	调头软爪夹 $\phi40$ 外圆，车端面确定基准	1 000	0.05～0.1	0.5～1.5	自动
5	车 $\phi40$ 外圆	1 200	0.1～0.2	0.5～2	自动
6	镗孔至尺寸	1 000	0.05～0.1	0.3	自动
7	切内槽	300		0.1	自动

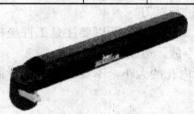

图 3—3—3　内切槽刀 T03

及采用的刀具和切削用量，根据工艺过程按工序内容划分四个部分，并对应编制四个程序以完成加工。在这里只列出切内槽的程序。

表 3—3—2 所列为 Fanuc 0i 数控系统的机床切内槽的程序。

表 3—3—2　　　　　　　　　　机床切内槽的程序

程序内容	程序说明
O0001；	主程序
N1；	第 1 程序段号
G99 M03 S300 T0303；	换镗孔车刀，转速 300 r/min
G00 X100.0 Z100.0；	快速运动到安全点

程序内容	程序说明
G00 X28.0 Z2.0;	快速运动到循环点
M08;	冷却液开
G00 Z−24.0;	切槽起点
G01 X34.0 F0.1;	切槽
X28.0;	X 向退刀
G00 Z100.0;	Z 向退刀，加工完成
M05;	主轴停止
M09;	冷却液关
M30;	程序结束返回程序头

五、加工过程

加工过程与本模块的课题一相同。

1. 装刀。

2. 对刀。

3. 程序模拟仿真。

4. 机床操作。

六、操作注意事项

1. 为了保证加工基准的一致性，在多把刀具对刀时，可以先用一把刀具加工出一个基准，其他各把刀具依次为基准进行对刀。

2. 因为加工零件时要经过二次装夹，所以要注意工件坐标系改变后，每一把车刀都需要重新对刀。否则会出现撞刀事故，造成严重的损失。

3. 内孔车刀的选择应注意内孔的大小，不要使车刀的背面与工件发生干涉。加工时注意排屑和冷却。

课题四 内螺纹的编程与加工

任务引入

加工如图 3—4—1 所示的内螺纹零件，该零件长 40 mm，外径 φ40 mm，内螺纹 M30 × 1.5 mm，长度 24 mm，退刀槽直径 φ34 mm，宽度 4 mm，采用 G92 指令编程完成加工。

任务分析

内螺纹主要是与外螺纹进行配合起到连接、传递动力

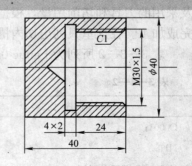

图 3—4—1 内螺纹零件

等作用。常见的内螺纹有粗牙三角螺纹、细牙三角螺纹、梯形螺纹以及内锥螺纹等。

内螺纹加工与外螺纹相似，对于细牙三角螺纹可采用 G32、G92 指令进行加工。对于切削用量较大的粗牙螺纹、梯形螺纹以及异型螺纹等，可采用 G76 螺纹切削复合循环指令进行加工。

任务实施

一、确定工件的装夹方案

此零件一次装夹即可完成大部分加工，夹持 $\phi42$ mm 毛坯（有足够的夹持长度），完成钻能孔、$\phi40$ mm 外圆的加工，粗、精车 $\phi30$ mm 内孔，然后切 4 mm×2 mm 内槽，车 M30×1.5 mm 螺纹，最后切断。

二、确定加工路线

1）平端面、钻孔 $\phi28$ mm。

2）粗、精车 $\phi40$ mm 外圆。

3）粗、精车 $\phi30$ mm 内孔及倒角。

4）切 4 mm×2 mm 内槽。

5）车 M30×1.5 mm 螺纹。

6）切断。

7）车端面保总长。

三、填写加工刀具卡和工艺卡

表 3—4—1   工件刀具工艺卡

零件图号	3—4—1	数控车床加工工艺卡	机床型号	CKA6150
零件名称	内螺纹零件		机床编号	

刀具表				量具表	
刀具号	刀补号	刀具名称	刀具参数	量具名称	规格（mm/mm）
T01	01	93°外圆车刀	D 型刀片	游标卡尺 千分尺	0～150/0.02 25～50/0.01
T02	02	镗孔车刀	T 型刀片	游标卡尺	0～150/0.02
T03	03	切槽刀	刀宽 4 mm	游标卡尺	0～150/0.02
T04	04	三角螺纹刀		螺纹塞规	M30×1.5
		钻头 $\phi28$		游标卡尺	0～150/0.02

工序	工艺内容	切削用量			加工性质
		S（r/min）	F（mm/r）	a_p（mm）	
1	车端面，钻 $\phi22$ mm 孔	300			手动
2	车 $\phi48$ mm 外圆	800～1200	0.1～0.2	0.5～2	自动

续表

工序	工艺内容	切削用量			加工性质
		S (r/min)	F (mm/r)	a_p (mm)	
3	镗孔至尺寸	600～800	0.1～0.2	0.5～2	自动
4	切 4 mm×2 mm 内槽	300	0.1		自动
5	车内螺纹	300	1.5	0.1～0.5	自动
6	切断	300			手动

四、编写加工程序

根据图 3—4—1 所示零件，分析了工件的加工路线，并且确定了加工时的装夹方案，以及采用的刀具和切削用量，根据工艺过程在这里只列出车内螺纹的程序。

表 3—4—2 为 Fanuc 0i 数控系统的机床车内螺纹的程序。

表 3—4—2　　　　　　　　　　机床车内螺纹程序

程序内容	程序说明
O0342；	程序名
G99 M03 S300 T0404；	换内螺纹车刀，转速 300 r/min
G00 X100.0 Z100.0；	快速运动到安全点
G00 X26.0 Z5.0；	快速运动到循环点
G92 X29.0 Z−25.0 F1.5；	螺纹加工
X29.5；	
X29.8；	
X29.9；	
X30.0；	
G00 Z100.0 X100.0；	快速移动到安全点
M05；	主轴停止
M30；	程序结束返回程序头

五、加工过程

加工过程与本模块的课题一相同。

（1）装刀。

（2）对刀。

（3）程序模拟仿真。

（4）机床操作。

六、检验方法

内螺纹的检验方法有两种：综合检验和单项检验。通常采用综合检验，就是用塞规对影响螺纹互换性的几何参数偏差的综合结果进行检验，如图 3—4—2 所示。

内螺纹塞规分为通端与止端，如果被测内螺纹能够与塞规通端旋合通过，且与塞规止端不完全旋合通过（螺纹止规只允许与被测螺纹两段旋合，旋合量不得超过 2 个螺距），就表明被测内螺纹的中径没有超过其最大实体牙型的中径，且单一中径没有超出其最小

图 3—4—2　内螺纹塞规

实体牙型的中径，那么就可以保证旋合性和连接强度，则被测螺纹中径合格，否则不合格。

七、操作注意事项

1. 钻孔时注意钻孔深度，镗孔、切槽时注意孔底深度，防止刀具撞孔底，并保持孔底平整。

2. 镗孔、切槽结束后，要先沿 Z 向退刀，然后再沿 X 向退倒，否则会发生撞刀事故。

3. 内孔车刀的选择注意内孔的大小，不要使车刀的背面与工件发生干涉。加工时注意排屑和冷却。

思考与练习

1. 套类零件一般采用什么装夹方法？

2. 加工通孔与台阶孔室内孔刀有何区别？

3. 套类零件采用内孔做定位精基准时，可采用哪几种心轴，它们各有什么特点？

4. 编制题图 3—1 所示零件加工程序，并制定加工刀具卡和工艺卡。

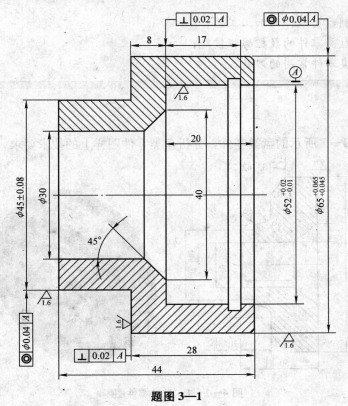

题图 3—1

模块四

盘类零件的编程与加工

课题一 简单盘类零件的编程与加工

学习目标
- ◆ 能正确编制盘类零件的加工工艺；
- ◆ 掌握简单盘类零件的数控编程技能；
- ◆ 会选择盘类零件常用的刀具。

任务引入

加工如图 4—1—1 所示的盘类零件，分析盘类零件图样上的技术要求，确定加工方法、

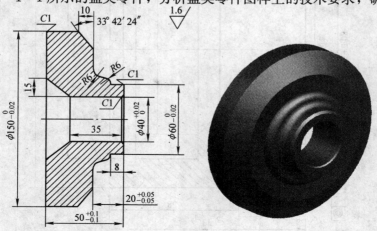

图 4—1—1 盘类零件图

加工工艺以及常用的刀具，编写数控程序加工。要求加工后符合精度和公差要求。

该工件材料为 45 号钢，ϕ155 mm×55 mm 盘料。

任务分析

盘类是机械加工中常见的一种零件，如图 4—1—2 所示端盖、齿轮、法兰盘等都是盘类零件。

盘类零件的加工从它的切削方式看，既可纵向切削也可以横向切削，但要根据工件毛坯的形状、材料以及产品精度要求等确定切削方式，同时选取相应的刀具、切削用量、编程方法，以达到对产品精度的保障。

a)   b)   c)

图 4—1—2　盘类零件

a）端盖　b）齿轮　c）法兰盘

相关知识

一、工件的装夹

根据盘类零件的结构特点，数控车加工对于中、小型零件经常采用三爪卡盘装夹；较大零件经常采用四爪卡盘或花盘装夹；对于精加工零件一般可采用软卡爪装夹，也可以采用心轴上装夹；对于较复杂的盘类零件有时也采用专用夹具来装夹。所使用的夹具如图 4—1—3 所示。确定工件装夹方案的基本原则：

1. 保证工件装夹的稳定性和牢固可靠。

2. 装夹能符合工件基准的设定，并保证工件的加工精度。

3. 对于工件的装、卸较方便，能缩短工件加工的辅助时间。

二、刀具的选择

盘类零件一般由高速钢和硬质合金车刀加工，对于一些特殊材料工件可采用立方氮化硼、聚晶金刚石等刀具材料来进行加工，使刀具的加工性能和范围更加广泛。刀具类型按结构来分，有整体式、焊接式和机械夹固式三种。

一般盘类零件由外圆、锥面、圆弧、槽、孔、螺纹等构成，所以刀具也从基本常见的外圆车刀、端面车刀、纵向槽刀、横向槽刀、镗孔车刀、螺纹车刀以及特殊形状的成型车刀中选择。

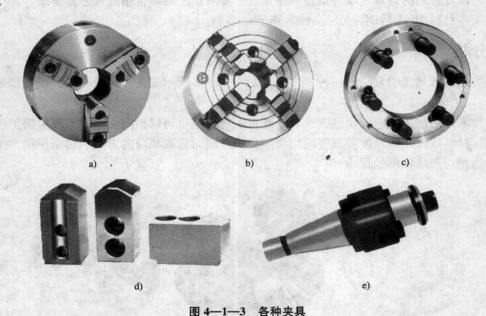

图 4—1—3　各种夹具

a）三爪卡盘　b）四爪卡盘　c）手动卡盘花盘　d）软卡爪　e）心轴

三、切削用量的选择

　　盘类零件的切削用量要根据工件材料、刀具强度、机床性能等因素来确定。盘类零件的结构特点是最大外径较大，长度较短，被加工工件各部分直径落差较大。根据数控机床的加工特点和 Fanuc 0i 数控系统编程特点，大多可采用径向加工，但对于外形及内孔加工基本还是以轴向加工较多。

　　对于盘类零件加工时，由于它在径向加工时受机床夹紧力的限制，切削深度不宜过大。若盘的直径较大，所选的转速也不能过高。为了使被加工零件的表面粗糙度能够保持一致，在转速的选择上可以采用 Fanuc 0i 数控系统所具有的恒线速指令。对于盘类零件加工时的进给速度，可根据工件图样上的技术要求来确定。

四、切削液的选择

　　盘类零件在数控加工时比普通车床加工时会产生更多的热量，因为数控加工相对普通机床加工的切削速度要快，切削区的温度较高，切削车刀的磨损也比较严重。同时，为了使工件减少加工变形，提高加工精度，要根据不同的工件材料，选择适合的切削液。

任务实施

一、图样分析

　　图 4—1—1 所示零件材料为 45 号钢，毛坯形状为圆盘状，其尺寸径向有 5 mm 余料，

轴向也有 5 mm 余料。零件图形的外形轮廓由外圆、锥面、圆弧面、倒角等组成，零件图形的内形轮廓由内孔、内锥及倒角等组成。外圆部分有两处公差要求在 0.02 mm 以内，内孔部分有一处公差要求在 0.02 mm 以内，长度方面也有公差要求，圆弧要符合圆度的要求，同时在加工中还要保证较高的表面粗糙度的要求。

二、确定工件的装夹方案

被加工零件如果是小批量生产时，第一步可采取先用三爪卡盘反爪夹毛坯表面，粗车一个工艺台并钻孔。第二步仍然采用三爪卡盘，把工件调头夹工艺台，完成内锥孔、内孔、端面、外圆、倒角的加工。第三步可采用软卡爪装夹已加工的外圆，再把其余部分加工到尺寸。此种装夹方案是盘类零件经常采用的一种装夹方法，简便实用，并能保证被加工工件的加工精度。对于批量生产加工时，每一步的加工至少要完成一组工件的加工，可减少改变装夹带来的一系列刀具及程序的调整，大大缩短了加工零件的周期。

三、确定加工路线

根据工件毛坯情况及图样上的技术要求，考虑加工路线首先要保证加工精度的前提，符合加工工艺的原则，以最短的加工路径完成零件的加工。针对如图 4—1—1 所示工件，可先粗加工车削工艺台，即粗车外圆、车端面、钻孔，调头车端面并作为基准，车削外圆 $\phi150$ mm 及倒角至尺寸，镗锥孔及镗孔 $\phi40$ mm 至精度要求。最后，再调头车外轮廓的外锥、外圆弧、外圆及倒角。

四、填写加工刀具卡和工艺卡

根据上述分析，已确定了工件的技术要求及装夹方法，并且确定了加工路线。为进一步控制加工过程的顺利进行，根据要求建立工件的刀具和工艺卡片。

外形的加工采用 95°外圆机夹车刀，可分为粗加工和精加工两种；内孔加工采用机夹镗孔车刀，也分为粗加工和精加工两种车刀。

根据 45 号钢材料的特点，刀具采用硬合金刀具，参数的选择根据性能和实际的加工经验，在粗加工时，为了尽快地去除余料，一般采用较低的转速，较大的背吃刀量；而在精加工时，为了得到精确的尺寸和较好的表面质量，一般采用较高的转速和较小的背吃刀量，保证最终的加工质量。其加工工件的刀具和工艺卡见表 4—1—1。

表 4—1—1　　　　　　　　　　加工工件的刀具和工艺卡

零件图号	4—1—1	数控车床加工工艺卡	机床型号	CKA6150
零件名称	盘		机床编号	
刀具表			量具表	
刀具号	刀补号	刀具名称	刀具参数	量具名称	规格（mm/mm）
T01	01	93°外圆端面车刀	C 型刀片（图 4—1—4）	游标卡尺千分尺	0～200/0.02 150～175/0.01
T02	02	93°外圆精车刀	D 型刀片（图 4—1—5）	千分尺	150～175/0.01 50～75/0.01

续表

零件图号	4—1—1	数控车床加工工艺卡		机床型号	CKA6150
零件名称	盘			机床编号	

刀具表				量具表	
刀具号	刀补号	刀具名称	刀具参数	量具名称	规格（mm/mm）
T04	04	91°镗孔车刀	T 型刀片 （图 4—1—6）	内径表	0.01
T08	08	钻头 ϕ35		游标卡尺	0～150/0.02

工序	工艺内容	切削用量			加工性质
		S（r/min）	F（mm/r）	α_p（mm）	
数控车	车外圆、端面完成工艺台	800	0.2～0.3	2	自动
	钻孔	300	0.2～0.3	17.5	自动
数控车	调头车端面确定基准	1 000	0.05～0.1	0.5～1.5	自动
	车外圆、倒角	1 200	0.05～0.1	0.5～8	自动
	镗锥孔、镗孔至尺寸	1 200	0.05～0.1	0.3～0.5	自动
数控车	调头软爪夹 ϕ150 外圆，车端面	1 000	0.1～0.2	0.5～1.5	自动
	车外轮廓倒角符合技术要求	1 200	0.1～0.2	0.5～2	自动

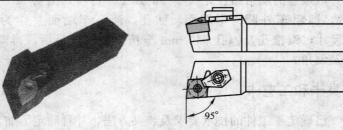

图 4—1—4　外圆端面车刀 T01

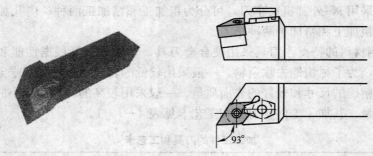

图 4—1—5　外圆精车刀 T02

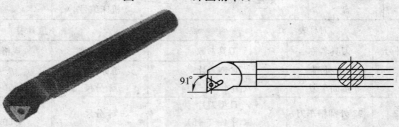

　　　　　　　　　　图 4—1—6　镗孔车刀 T04

五、编写加工程序

根据图 4—1—1 所示零件，分析了工件的加工路线，并且确定了加工时的装夹方案，以及采用的刀具和切削用量，根据工艺过程按工序内容划分三个部分，并对应编制三个程序以完成加工。

表 4—1—2 所列为 Fanuc 0i 数控系统的机床车削工件工艺台和钻孔的程序；表 4—1—3 所列为 Fanuc 0i 数控系统的机床车削工件外圆、端面、镗孔的程序；表 4—1—4 所列为 Fanuc 0i 数控系统的机床精加工外轮廓的程序。

表 4—1—2 车削工件工艺台和钻孔的程序

程序内容	程序说明
O0001；	主程序
N1；	第 1 程序段号
G99 M03 S800 T0101；	选 1 号刀，主轴正转，转速 800 r/min
G00 X200.0 Z150.0；	快速运动到安全点
G00 X156.0 Z2.0；	快速运动到循环点
M08；	冷却液开
G90 X153.0 Z—10.0 F0.2；	外圆循环
X151.0；	外圆循环
G94 X0.0 Z—2.0 F0.2；	端面循环
G00 X200.0 Z150.0	快速运动到安全点
M05；	主轴停转
M00；	程序暂停
N2；	第 2 程序段号
G99 M03 S300 T0808；	选 8 号刀，主轴正转，转速 300 r/min
G00 X0.0 Z150.0；	快速运动到安全点
G00 Z5.0；	快速运动到循环点
G01 Z—60.0 F0.2；	钻孔
G00 Z200.0；	快速运动到安全点
M09；	冷却液关
M05；	主轴停转
M30；	程序结束返回程序头

表 4—1—3 车削工件外圆、端面、镗孔的程序

程序内容	程序说明
O0002；	主程序
N1；	第 1 程序段号
G50 S1500；	最高主轴限速 1 500 r/min

续表

程序内容	程序说明
G99 G96 S500 M03 T0101；	换 1 号刀，主轴线速度 500 m/min
G00 X200.0 Z150.0；	快速运动到安全点
G00 X156.0 Z2.0；	快速运动到循环点
M08；	冷却液开
G94 X28.0 Z−1.5 F0.2；	断面循环
Z−2.0 F0.1；	
G90 X151.0 Z−25.0 F0.2；	外圆循环
G00 X200.0 Z150.0；	快速运动到安全点
M09；	冷却液关
M05；	主轴停转
M00；	程序暂停
N2；	第 2 程序段号
G99 G97 S1000 M03 T0202；	换 2 号精车刀，恒转速设定，主轴转速 1 000 r/min
G00 X200.0 Z150.0；	快速运动到安全点
M08；	冷却液开
G00 X152.0 Z2.0；	快速运动到循环点
G90 X150.5.0 Z−22.0 F0.1；	外圆加工循环
X150.0.；	
G00 X144.0 Z1.；	
G01 X152.0 Z−1.0 F0.1；	倒角
G00 X200.0 Z150.0；	快速运动到安全点
M09；	冷却液关
M05；	主轴停转
M00；	程序暂停
N3；	第 3 程序段号
G99 M03 S1000 T0404；	换镗孔车刀，转速 1 000 r/min
G00 X200.0 Z150.0；	快速运动到安全点
G00 X33 Z2.0；	快速运动到循环点
M08；	冷却液开
G71 U1.5 R0.5；	粗加工镗孔循环
G71 P10 Q20 U−0.3 W0.05 F0.15；	
N10 G00 G41 X60.0；	循环加工起始段程序，刀具左补偿
G01 Z0.0 F0.1；	锥孔起点
X30.0 Z−15.0；	车锥孔
Z−51.0；	车直孔

程序内容	程序说明
N20 G00 G40 X33.0;	循环加工终点段程序，取消刀具补偿
G00 Z250 M09;	快速运动到安全点，冷却液关
M05;	主轴停止
M00;	程序暂停
N4;	第4程序段号
G99 M03 S1200 T0404;	主轴正转，转速1 200 r/min
G00 Z250.0 ;	快速运动到安全点
M08;	冷却液开
G00 X33.0 Z2.0;	快速运动到循环点
G70 P10 Q20 ;	镗孔精加工循环
G00 X200.0 Z150.0 ;	快速运动到安全点
M09;	冷却液关
M05;	主轴停转
M30;	程序结束返回程序头

表 4—1—4 精加工外轮廓的程序

程序内容	程序说明
O0003;	主程序
N1;	第1程序段号
G99 M03 S1000 T0101 ;	选1号刀，主轴正转1 000 r/min
G00 X200.0 Z150.0;	快速运动到安全点
G00 X152.0 Z2.0;	刀具快速运动到循环点
M08;	冷却液开
G94 X33.0 Z0 F0.1;	端面循环
G71 U2.0 R0.5 ;	外圆粗加工循环
G71 P10 Q20 U0.5 W0.05 F0.2;	
N10 G00 G42 X54.0;	循环加工起始段程序，刀具右补偿
G01 Z1.0 F0.1;	倒角起点
G01 X60.0 Z-2.;	车倒角
Z-8.0;	车外圆
G03 X72.0 Z-14.0 R6.0;	车圆弧
G02 X84.0 Z-20.0 R6.0;	车圆弧
G01 X120.0;	车端面
G01 X150.0 W-10.0;	车锥面
N20 G00 G40 X152.0;	循环加工终点段程序，取消刀具补偿

续表

程序内容	程序说明
G00 X200.0 Z150.0；	快速运动到安全点
M09；	冷却液关
M05；	主轴停转
M00；	程序暂停
N2；	第 2 程序段号
G99 M03 S1200 T0202；	换精加工刀具，转速 1 200 r/min
G00 X200.0 Z150.0；	快速运动到安全点
G00 X152.0 Z2.0；	刀具快速到循环点
M08；	冷却液开
G70 P10 Q20；	精加工循环
G00 X200.0 Z150.0；	快速运动到安全点
M09；	冷却液关
M05；	主轴停转
M30；	程序结束返回程序头

六、加工过程

1. 装刀过程

根据刀具工艺卡片，准备好要用的刀具。机夹式刀具要认真检查刀片与刀体的接触和安装是否正确无误，螺钉是否已经拧牢固。按照刀具卡的刀号分别将相应的刀具安装在刀盘中。装刀时要一把一把地装，通过试切工件的端面，不断地调整垫刀片的高度，保证刀具的切削刃与工件的中心在同一高度的位置，然后将刀具压紧。

注意，刀盘中的刀具与刀号的关系一定要与刀具卡一致。如果相应的刀具错误，将会发生碰撞危险，造成工件报废，机床受损，甚至造成人身伤害。

2. 对刀过程

数控车床的对刀一般采用试切法，用所选的刀具试切零件的外圆和端面，经过测量和计算得到零件端面中心点的坐标值。这种方法首先要知道进行程序编制时所采用的编程坐标系原点在工件的位置。然后通过试切，找到所选刀具与坐标系原点的相对位置，把相应的偏置值输入刀具补偿的寄存器中。

常用的方法是对每一把刀具分别对刀，将刀具偏移量分别输入寄存器。对刀的步骤如下：

（1）选择一把刀具；

（2）试切端面，保持 Z 方向不动，沿 X 向退出刀具；

（3）进入刀具偏置寄存器的形状补偿，在相应的刀补号中输入 Z0；

（4）按面板的"测量"按键，就将 Z 向的偏移值输入刀补中了；

（5）试切外径，保持 X 方向不动，沿 Z 向退出刀具，并记录直径值；

(6) 进入刀具偏置寄存器的形状补偿，在相应的刀补号中输入直径值；

(7) 按面板的"测量"键，就将 X 向的偏移值输入刀补中了。

接着调用下一把刀具，重复以上操作将相应的偏置值输入刀具补偿中，直到完成所有刀具偏移值的输入。

内孔车刀的对刀的方法是试切内孔测量孔径，将偏移值输入到寄存器中相应的形状补偿；长度方向的补偿值与外圆刀测量方法一样。

另外，还可以用手动脉冲的方法，在已经加工的工件面上进行对刀，这种方法对刀时，一定要注意在靠近工件后，应该采用小于 0.01 mm 的倍率来移动刀具，直到接触到工件为止，注意不要切削过大而造成工件报废。

3. 程序模拟仿真

为了使加工得到安全保证，在加工之前先要对程序进行模拟验证，检查程序的正确性。程序的模拟仿真对于初学者来讲是非常好的一种检查程序正确与否的办法。Fanuc 0i 数控系统具有图形模拟功能，通过刀具的运动路线可以检查程序是否符合加工零件的程序，如果路线有问题可改变程序并进行调整。另外，还可以利用数控车仿真软件在计算机上进行仿真模拟，也能起到很好的效果。

4. 机床操作

先将"快速进给"和"进给速率调整"开关的倍率拨到"零"上，启动程序，慢慢地调整"快速进给"和"进给速率调整"旋钮，直到刀具切削到工件。这一步的目的是检验车床的各种设置是否正确，如果不正确有可能发生碰撞现象，可以迅速地停止车床的运动。

当切到工件后，通过调整"进给速率调整"和"主轴转速"调整旋钮，使得切削三要素进行合理的配合，就可以持续地进行加工了，直到程序运行完毕。

在加工中，要适时地检查刀具的磨损情况，工件的表面加工质量，保证加工过程的正确，避免事故的发生。每运行完一个程序后，应检查程序的运行效果，对有明显过切或表面粗糙度达不到要求的，应立即进行必要的调整。

七、操作注意事项

1. 为了保证加工基准的一致性，在多把刀具对刀时，可以先用一把刀具加工出一个基准，其他各把刀具以此为基准进行对刀。

2. 因为加工零件时要经过二次装夹，所以要注意工件坐标系改变后，每一把车刀都需要重新对刀。否则会出现撞刀事故，造成严重的损失。

3. 选择内孔车刀时应注意内孔的大小，不要使车刀的背面与工件发生干涉。加工时注意排屑和冷却。

八、质量误差分析

质量误差分析见表 4—1—5。

表 4—1—5　　　　　　　　　　误差现象及解决方法

序号	误差现象	解决方法
1	加工尺寸不合格	(1) 检查对刀的准确性，重新对刀 (2) 检查刀具是否磨损，更换刀片 (3) 检查刀具补偿磨损量的准确性 (4) 检查程序的正确性
2	圆弧过切、欠切	(1) 加上圆弧半径补偿，补偿方向要正确 (2) 刀位号要正确 (3) 半径值要正确 (4) 检查刀具刀尖是否损坏
3	表面粗糙度不合格	(1) 合理调整切削用量 (2) 检查刀具是否磨损，更换刀片

考核评分

序号	项目	技术要求	评分标准	配分	检测结果	扣分	得分
1	外圆尺寸（包含粗糙度）要求	$\phi150_{-0.02}^{0}$	超差全扣	8分			
		粗糙度 $R_a1.6$	不合要求全扣	4分			
		$\phi60_{-0.02}^{0}$	超差全扣	8分			
		粗糙度 $R_a1.6$	不合要求全扣	4分			
2	内孔尺寸（包含粗糙度）要求	$\phi40_{0}^{+0.02}$	超差全扣	8分			
		粗糙度 $R_a1.6$	不合要求全扣	4分			
		$\phi70_{0}^{+0.05}$	超差全扣	8分			
		粗糙度 $R_a1.6$	不合要求全扣	4分			
3	长度尺寸要求	$50_{-0.1}^{+0.1}$	超差全扣	8分			
		$20_{-0.05}^{+0.05}$	超差全扣	8分			
		8	超差全扣	4分			
		10	超差全扣	4分			
		35	超差全扣	4分			
4	锥度	角度 45°	不合要求全扣	4分			
		角度 33°41′24″	不合要求全扣	4分			
5	圆弧	两处 R6	不合要求全扣	10分			
6	倒角	三处倒角 C1	一处不倒角扣 2 分	6分			
7			不合安全文明生产要求扣 5 分				

课题二　复杂盘类零件的编程与加工

学习目标

◆ 能正确编制盘类零件的加工工艺；

◆ 掌握复杂盘类零件数控编程的基本指令；

◆ 会选择盘类零件常用的刀具；

◆ 能正确分析加工工艺的特点。

任务引入

加工图 4—2—1 所示的复杂盘类零件（槽轮）编写数控程序加工。复杂盘类零件是机械加工中常见的一种加工形式，如箱体的端盖，机械零件的槽轮等。它在机械产品加工占有非常重要的地位。

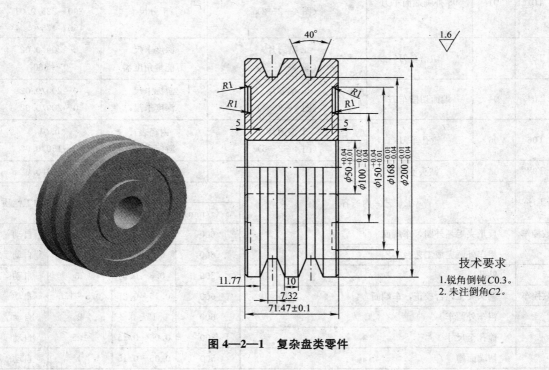

图 4—2—1　复杂盘类零件

任务分析

复杂盘类零件从它的形状和精度上一般都比较复杂，并且在它的工艺上也比较复杂，大体上有外圆、端面、圆弧、圆锥面、径向槽、梯形槽、端面槽、内孔加工等构成，所以工艺复杂、编程和加工都有一定的难度。

111

任务实施

根据图 4—2—1 所示，确定工件毛坯尺寸 φ205 mm×76 mm。

一、填写加工刀具卡和工艺卡

表 4—2—1 所示复杂盘类零件的加工刀具和工艺卡。

表 4—2—1 **工件加工刀具、量具工艺卡**

零件图号		4—2—1	数控车床加工工艺卡	机床型号	CKA6150
零件名称		槽轮		机床编号	

刀 具 表				量 具 表	
刀具号	刀补号	刀具名称	刀具参数	量具名称	规格 （mm/mm）
T01	01	95°外圆端面车刀	C 型刀片 （图 4—2—2）	游标卡尺 千分尺	0～300/0.02 175～200/0.01 200～225/0.01 150～175/0.01
T02	02	切槽车刀	L 型刀片 （图 4—2—3）	深度卡尺 万能量角度器	0～200/0.02 0°～360°
T04	04	端面切槽车刀	L 型刀片 （图 4—2—4）	游标卡尺 深度卡尺	0～200/0.02 0～200/0.02
T06	06	镗孔车刀	T 型刀片 （图 4—2—5）	内径表 游标卡尺	0.01 0～150/0.02
T08	08	钻头 φ46		游标卡尺	0～150/0.02

工序	工 艺 内 容	切削用量			加工性质
		S (r/min)	F (mm/r)	α_p (mm)	
数控车	反爪夹毛坯外圆，车端面	600	0.2～0.3	2	自动
	粗车外圆完成工艺台	600	0.2～0.3	2	自动
	钻孔	300	0.3～0.5	23	自动
数控车	调头夹工艺台校正，车端面	600	0.15～0.25	0.5～1.5	自动
	粗车外圆车	600	0.15～0.2	2	自动
	镗孔至尺寸	800	0.06～0.15	1.5	自动
	切端面槽	500	0.05～0.15	4	自动
数控车	调头用反卡爪装夹并校正，车端面截取总长 71.47 mm				
	切端面槽	500	0.05～0.15	4	自动
数控车	用心轴装夹工件				
	车外圆倒角符合技术要求	800	0.1～0.2	0.5～2	自动
	切两处外圆槽符合技术要求	500	0.05～0.15	4	自动

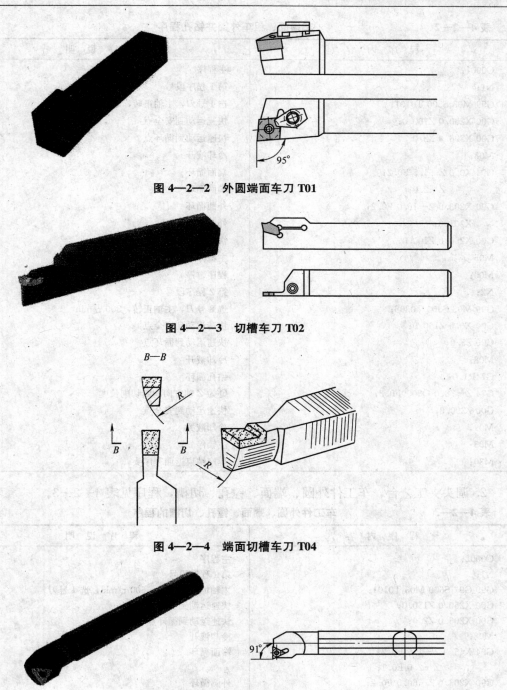

图 4—2—2   外圆端面车刀 T01

图 4—2—3   切槽车刀 T02

图 4—2—4   端面切槽车刀 T04

图 4—2—5   镗孔车刀 T06

二、编写加工程序

1. 夹毛坯外圆，车端面、粗车外圆并钻孔程序，见下表 4—2—2。

表 4—2—2   车端面、粗车外圆并钻孔程序

程 序 内 容	程 序 说 明
O0001;	主程序
N1;	第 1 程序段号
G99 M03 S500 T0101;	选 1 号刀，主轴正转，500 r/min
G00 X250.0 Z100.0;	快速运动到安全点
G00 X206.0 Z2.0	快速运动到循环点
M08;	冷却液开
G94 X0.0 Z−1.5 F0.2;	端面循环
Z−2.0;	端面循环
G90 X203.0 Z−16.0 F0.2;	外圆循环
X201.0;	外圆循环
G00 X250.0 Z100.0;	快速运动到安全点
M05	主轴停
M00;	程序暂停
N2;	第 2 程序段号
G99 M03 S300 T0808;	选 8 号刀，主轴正转，300 r/min
G00 X0.0 Z150.0;	快速运动到安全点
G00 Z5.0;	快速运动到循环点
M08;	冷却液开
G74R1.0;	钻孔循环
G74 Z−78.0 Q8000F0.3;	Q 为 Z 轴方向间断切削长度
G00 Z200.0;	快速运动到安全点
M09;	冷却液关
M05;	主轴停
M30;	程序结束返回程序头

2. 调头夹工艺台，车工件外圆、端面、镗孔、切槽，程序见表 4—2—3。

表 4—2—3   车工件外圆、端面、镗孔、切槽的程序

程 序 内 容	程 序 说 明
O0002;	主程序
N1;	第 1 程序段号
G99 G97 S600 M03 T0101;	主轴恒转速正转，600 r/min，选 1 号刀
G00 X250.0 Z150.0;	快速运动到安全点
G00 X206.0 Z2.0;	快速运动到循环点
M08;	冷却液开
G94 X45.0 Z−1.5 F0.2;	端面循环
Z−2.0 F0.1;	
G90 X203.0 Z−60.0 F0.2;	外圆循环
X201.0	
G00 X250.0 Z100.0;	快速运动到安全点
M09;	冷却液关
M05;	主轴停
M00;	程序暂停
N2;	第 2 程序段号

程 序 内 容	程 序 说 明
G99 G97 S800 M03 T0606；	换 6 号镗孔车刀，设定转速 800 r/min，主轴恒转速正转
G00 X250.0 Z100.0；	快速运动到安全点
M08；	冷却液开
G00 X206.0 Z2.0；	快速运动到循环点
G00 X45.0 Z2.0；	内孔加工循环
G90 X48.0 Z−72.0 F0.15；	
X49.5；	
G00 X58.0；	倒角
G01 X50.0 Z−2.0；	镗孔精加工
Z−72.0 F0.08；	
X48.0；	快速运动到安全点
G00 Z100.0；	
X250.0；	冷却液关
M09；	主轴停
M05；	程序暂停
M00；	
N3；	第 3 程序段号
G99 M03 S500 T0404；	换端面槽车刀，转速 500 r/min
G00 X250.0 Z100.0；	快速运动到安全点
G00 X140.0.0 Z2.0；	快速运动到循环点
M08；	冷却液开
G74 R0.5；	轴向切槽循环加工
G74 X102.0 Z−4.8 P2000 Q2000 F0.06；	
G00 X150.0 Z2.0；	倒角起点
G01 X142.0 Z−2.0 F0.05；	倒角
Z−4.0；	车直槽
G03 X140.0 Z−5.R1.0；	车圆弧过渡
G01 X102.0；	精车端面槽底面
G00 Z2.0；	快速运动退刀至倒角起点
X92.0；	
G01 X100.0 Z−2.0 F0.05；	倒角
Z−4.0；	车直槽
G02 X102.0 Z−5.0 R1.0；	车圆弧过渡
G01 X104.0	去除接刀痕
G00 Z100.0	快速退刀至安全点
X250.0；	
M09；	冷却液关
M05；	主轴停止
M30；	程序结束返回程序头

3. 调头切轴向槽，程序见表 4—2—4。

表 4—2—4   切轴向槽程序

程　序　内　容	程　序　说　明
O0003;	主程序
N1;	第 1 程序段号
G99 G97 S600 M03 T0101;	mm/r，主轴恒转速正转，600 r/min，选 1 号刀
G00 X250.0 Z100.0;	快速运动到安全点
G00 X206.0 Z2.0;	快速运动到循环点
M08;	冷却液开
G94 X45.0 Z−0.5 F0.1;	端面循环
G00 Z250.0 Z100.0;	快速运动到安全点
M09;	冷却液关
M05;	主轴停
M00;	程序暂停
N2;	第 2 程序段号
G99 G97 SB00 M03 T0606;	换 6 号镗孔车刀，恒转速设定转速 800 r/min，主轴正转
G00 X250.0 Z100.0;	快速运动到安全点
G00 X58.0 Z2.0;	快速运动到起刀点
G01 X50. Z−2.0F0.1;	倒角
G00 Z100.0;	快速运动到安全点
X250.0;	冷却液关
M09;	主轴停
M05;	程序暂停
M00;	
N3;	第 3 段程序段号
G99 M03 S500 T0404;	换端面槽车刀，转速 500 r/min
G00 X250.0 Z100.0;	快速运动到安全点
G00 X140.0.0 Z2.0;	快速运动到循环点
M08;	冷却液开
G74 R0.5;	轴向切槽循环加工
G74 X102.0 Z−4.8 P2000 Q2000 F0.06;	
G00 X150.0 Z2.0;	快速运动到倒角起点
G01 X142.0 Z−2.0 F0.05;	倒角
Z−4.0;	车直槽
G03 X140.0 Z−5.R1.0;	车圆弧过渡
G01 X102.0;	精车端面槽底面
G00 Z2.0;	快速运动退刀到倒角起点
X92.0;	
G01 X100.0 Z−2.0 F0.05;	倒角
Z−4.0;	车直槽
G02 X102.0 Z−5.0 R1.0;	车圆弧过渡
G01 X104.0	去除接刀痕
G00 Z100.0;	快速退刀到安全点
X250.0;	
M09;	冷却液关
M05;	主轴停止
M30;	程序结束返回程序头

4. 精车外圆、切槽，程序见表 4—2—5。

表 4—2—5   精车外圆、切槽程序

程 序 内 容	程 序 说 明
O0001；	主程序
N1；	第 1 段程序段号
G99 M03 S700 T0101；	选 1 号刀，主轴正转，700 r/min
G00 Z250.0 Z100.0；	快速运动到安全点
G00 X203.0 Z2.0	快速运动到循环点
M08；	冷却液开
G90 X200.0 Z−72.0 F0.2；	外圆循环
G00 X192.0 Z2.0；	快速运动到倒角起点
G01 X200.0 Z−2.0 F0.1；	倒角
Z−72.0；	精加工外圆
G00 X203.0；	快速运动到安全点
G00 X250.0 Z100.0；	
M09；	冷却液关
M05；	主轴停
M00；	程序暂停
N2；	第 2 段程序段号
G99 M03 S500 T0202；	选 2 号刀，主轴正转，500 r/min
G00 X250.0 Z100.0；	快速运动到安全点
G00 X205.0 Z2.0；	
M08；	冷却液开
G00 X201.0 Z−21.593；	快速运动到循环起点
G75 R1.0；	切槽循环
G75 X168.0 Z−24.913 P2000 Q2000 F0.06；	P 为 X 轴方向间断切削长度，Q 为 Z 轴方向间断切削长度
G00 X201.0 Z−50.559；	快速运动到循环起点
G75 R1.0；	切槽循环
G75 X168.0 Z−53.879 P2000 Q2000 F0.06；	P 为 X 轴方向间断切削长度，Q 为 Z 轴方向间断切削长度
G00 X201.0 Z−17.593；	快速运动至进刀点
G01 X168.0 W−4.0 F0.05；	斜向切槽
G00 X201.0；	退刀
Z−15.77；	快速运动至进刀点
G01 X200.0；	
X168.0 W−5.823；	精加工槽
G00 X201.0；	
Z−28.913；	快速运动至进刀点
G01 X168.0 W4.0 F0.05；	斜向切槽
G00 X201.0；	退刀
Z−26.736；	快速运动至进刀点
G01 X200.0；	
X168.0 W5.823；	精加工槽
G00 X201.0；	
Z−44.058；	快速运动至进刀点
G01 X168.0 W−4.0 F0.05；	斜向切槽
G00 X201.0；	退刀
Z−42.235；	快速运动至进刀点
G01 X200.0；	
X168.0 W−5.823；	精加工槽

续表

程 序 内 容	程 序 说 明
G00 X201.0;	
Z-57.877;	快速运动至进刀点
G01 X168.0 W4.0;	斜向切槽
G00 X201.0;	退刀
Z-59.7;	快速运动至进刀点
G01 X200.0;	
X168.0 W5.823;	精加工槽
G00 X201.0;	
Z-73.47;	
G01 X200.0;	
X196.0 W-2.0;	倒角
G00 X250.0;	快速运动到安全点
Z100.0;	
M09;	冷却液关
M05;	主轴停
M30;	程序结束返回程序头

三、操作注意事项

1. 为了保证加工基准的一致性，在多把刀具对刀时，可以先用一把刀具加工出一个基准，其他各把刀具以此为基准进行对刀。

2. 因为加工零件时要经过多次装夹，所以要注意工件坐标系改变后，每一把车刀都需要重新对刀。否则会出现撞刀事故，造成重大的损失。

3. 内孔车刀的选择注意内孔的大小，尽量增加镗孔刀刀杆的强度。加工时注意排屑和冷却。

4. 切槽时注意刀具伸出的长度，注意控制切削用量。刀具切削工件时计算要准确，编程要精确，要反复检查程序并校验，不能出现错误的程序，以免造成刀具损坏或工件报废。

四、质量误差分析

误差现象	解决方法
1. 加工尺寸不合格	(1) 检查对刀的准确性，重新对刀 (2) 检查刀具是否磨损，更换刀片 (3) 检查刀具补偿磨损量的准确性 (4) 检查程序的正确性
2. 圆弧过切、欠切	(1) 加上圆弧半径补偿，补偿方向要正确 (2) 刀位号要正确 (3) 半径值要正确 (4) 检查刀具刀尖是否损坏
3. 表面粗糙度不合格	(1) 合理调整切削用量 (2) 检查刀具是否磨损，更换刀片

考核评分

序号	项目	技术要求（mm）	评分标准	配分	检测结果	扣分	得分
1	外圆尺寸要求 （包含粗糙度）	$\phi 200^{-0.01}_{-0.04}$	超差全扣	8			
		$\phi 168^{0}_{-0.05}$	超差全扣	8			
		$\phi 100^{0}_{-0.03}$	超差全扣	8			
2	内孔尺寸要求	$\phi 50^{+0.04}_{+0.01}$	超差全扣	8			
		$R_a 1.6$	不合要求全扣	4			
		$\phi 150^{+0.04}_{+0.01}$	超差全扣	8			
3	长度尺寸要求	71.47 ± 0.1；	超差全扣	6			
		10 ± 0.1；	超差全扣	6			
		11.77；	超差全扣	4			
		7.32	超差全扣	4			
4	梯形槽	两处 40°角	不合要求全扣	8			
		两侧粗糙度 $R_a 1.6$	两侧不合要求全扣	8			
		端面槽深 5	不合要求全扣	4			
5	平行度	0.03	不合要求全扣	4			
6	圆弧	四处 R1 圆弧	一处不合要求扣 1 分	4			
7	全部倒角	八处内、外倒角 C2	一处不倒角扣 1 分	8			

思考与练习

1. 盘类零件的特点是什么？

2. 常见盘类零件有哪些装夹方法？

3. 盘类零件加工时常用哪些循环指令？

4. 如题图 4—1 所示零件，材料 45 号钢，ϕ110 mm×60 mm，试编写此零件的加工工艺和加工程序。

5. 如题图 4—2 所示零件，材料 45 号钢，ϕ130 mm×30 mm，试编写此零件的加工工艺和加工程序。

6. 如题图 4—3 所示零件，材料 45 号钢，ϕ160 mm×76 mm，试编写此零件的加工工艺和加工程序。

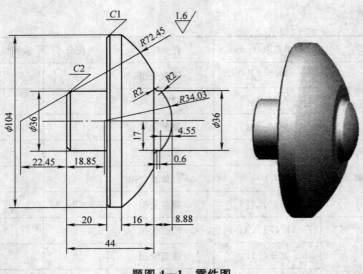

题图 4—1　零件图

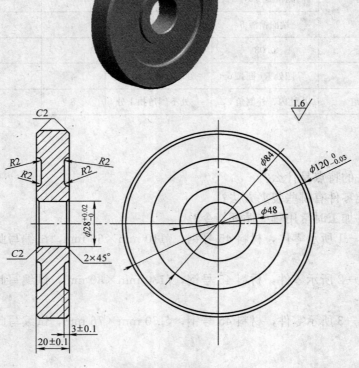

题图 4—2　零件图

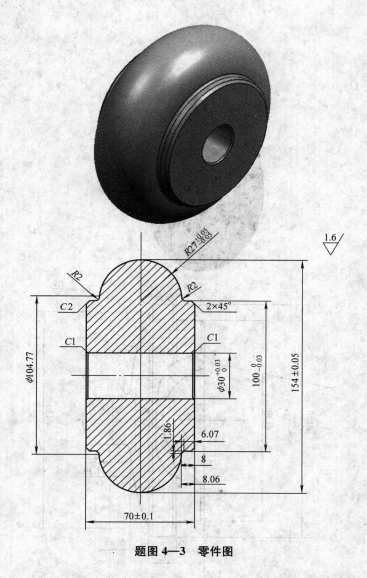

题图 4—3 零件图

7. 如题图 4—4 所示零件，材料 45 号钢，ϕ150 mm×7 mm，试编写此零件的加工工艺和加工程序。

8. 如题图 4—5 所示零件，材料 45 号钢，ϕ160 mm×60 mm，试编写此零件的加工工艺和加工程序。

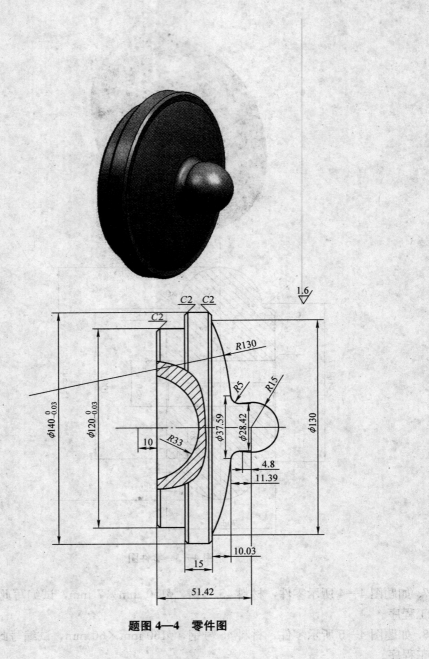

题图 4—4 零件图

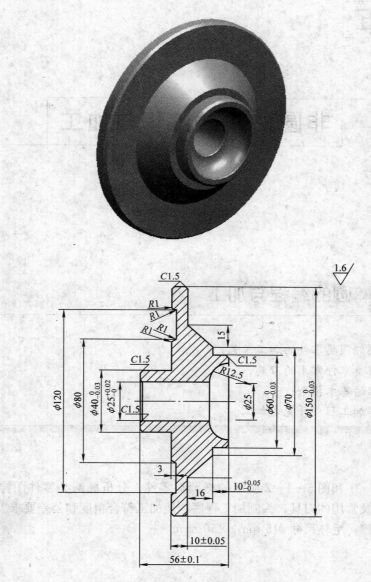

题图 4—5　零件图

模块五

非圆曲线的编程与加工

课题一　椭圆的编程与加工

学习目标

- ◆ 能正确编制椭圆类零件的加工工艺；
- ◆ 会选择椭圆类零件常用的刀具；
- ◆ 宏程序编程的基本指令；
- ◆ 为工件编写加工程序并完成加工。

任务引入

加工如图 5—1—1 和图 5—1—2 所示的椭圆类零件，分析椭圆类零件图样上的技术要求，确定加工方法及常用的刀具，编制加工程序，使加工符合精度和公差要求。

工件材料为铝棒，毛坯尺寸 ϕ15 mm×150 mm。

任务分析

非圆曲线加工也是机械加工中常见的一种加工形式，如椭圆、抛物线、双曲线等，本模块将生产中非圆曲线类零件的基本加工工艺和方法进行介绍，同时了解非圆曲线类零件的编程及格式以及刀具的使用。

椭圆类零件的加工从切削方式看，既可纵向切削也可以横向切削，但要根据工件的毛坯形状、材料性质以及产品精度要求等来确定切削方式。同时采取相应的刀具、切削用量、编程方法，并达到加工产品的精度保障。

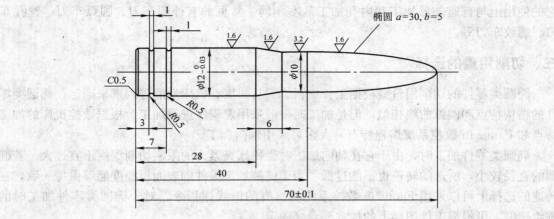

椭圆 $a=30, b=5$

技术要求：

1. 未注公差按IT14标准。
2. 不允许使用砂布或锉刀。

图 5—1—1　工件零件图

图 5—1—2　工件实体图

相关知识

一、工件的装夹方案

根据椭圆类零件的结构特点，数控车加工对于中、小型零件经常采用三爪卡盘装夹；较大零件经常采用四爪卡盘或花盘装夹；对于精加工零件一般可采用软卡爪装夹，也可以采用心轴上装夹；对于较复杂的椭圆类零件有时也采用专用夹具来装夹。确定工件装夹方案的基本原则：

1. 保证工件装夹的稳定性和牢固可靠。
2. 装夹能符合工件基准的设定并保证工件的加工精度。
3. 对于工件的装、卸较方便，能缩短工件加工的辅助时间。

二、刀具的选择

椭圆类零件车刀一般由高速钢和硬质合金两种材料制成，对于一些特殊材料工件可采用立方氮化硼、聚晶金刚石等刀具材料来进行加工，使刀具的加工性能和范围更加广泛。刀具类型按结构分有整体式、焊接式和机械夹固式三种。

一般椭圆类零件是由零件上的一部分椭圆曲线和外圆、内孔、螺纹等构成，选择刀具从

125

它的使用上与普通外形加工和内孔加工基本相同，常见的有外圆车刀、圆弧车刀、镗孔车刀、螺纹车刀等。

三、切削用量的选择

椭圆类零件的切削用量要根据工件材料、刀具强度、机床性能等因素来确定。椭圆类零件的结构特点和圆弧曲线相似，但是加工时一般采用宏程序进行加工。根据数控机床的加工特点和 Fanuc 0i 数控系统编程特点，大多可采用轴向加工。

椭圆类零件加工时，由于它在轴向加工时受机床夹紧力的限制切削深度不宜过大。若椭圆的直径较小，所选的转速也不能过低。为了使被加工零件的表面粗糙度能够保持一致，在转速的选择上可以采用 Fanuc 0i 数控系统所具有的恒线速指令。对于椭圆类零件加工时的进给速度，可根据工件图样上的技术要求来确定。

四、切削液的选择

椭圆类零件在数控加工时比普通车床加工时会产生更多的热量，因为数控加工相对普通机床加工的切削速度要快，切削区的温度较高，切削车刀的磨损也比较严重。同时，为了使工件减少加工变形，提高加工精度要根据不同的工件材料，选择适合的切削液。

五、宏程序编程

1. 宏程序的基本概念

在一般的程序中，程序字为常量，只能描述固定的几何形状，缺乏灵活性和适用性。若能用改变参数的方法使同一主程序能加工形状（属性）相同但尺寸（参数）不同的零件，加工就会非常方便，也提高了可靠性。加工不规则形状零件时，机床需要做非圆曲线运动，一般手工编程达不到要求。在进行自动测量时，机床要对测量数据进行处理，这些数据属于变量，一般程序是不能处理的。针对这种情况，数控机床提供了另一种编程方式，即宏编程。

在程序中使用变量，通过对变量进行赋值及处理使程序具有特殊功能，这种有变量的程序叫做宏程序。

2. 宏程序与普通程序的区别

宏程序与普通程序的区别见表 5—1—1。

表 5—1—1　　　　　　　　　　宏程序与普通程序的区别

普通程序	宏　程　序
只能使用常量	使用变量可赋值
常量之间不可以运算	变量之间可以运算
程序只能顺序执行	程序执行时可以跳转

3. 宏程序中变量的使用

（1）变量的类型

1）空变量：#0

功能：空变量总是空，不能赋值。

2）用户变量

局部变量：♯1～♯33（断电时清除）

功能：局部变量只能在本宏程序中存储数据。

3）公共变量：♯100～♯199（断电时清除）

　　　　　　♯500～♯999（断电时不清除）

功能：公共变量在不同的宏程序中的意义相同。

4）系统变量：♯1000 以上

功能：系统变量用于读和写 CNC 运行时各种数据变化。

编程中常用的系统变量见表 5—1—2。

表 5—1—2　　　　　　　　　刀具补偿存储器 C 的系统变量

补偿号	X 轴		Z 轴		刀尖半径 R		刀尖位置 T
	磨损	几何	磨损	几何	磨损	几何	
1	♯2001	♯2701	♯2101	♯2801	♯2201	♯2901	♯2301
⋮	⋮	⋮	⋮	⋮	⋮	⋮	⋮
49	♯2049	♯2749	♯2149	♯2849	♯2249	♯2949	♯2349
⋮	⋮	⋮	⋮		⋮		⋮
64	♯2064		♯2164		♯2264		♯2364

（2）变量的赋值

1）直接赋值　变量可在操作面板 MACRO 内容处直接输入，也可用 MDI 方式赋值，还可在程序内用以下方式赋值，但等号左边不能用表达式，即♯__＝数值（或表达式）。

如　♯1＝20；

　　G01 X♯1；

2）自变量赋值　宏程序以子程序方式出现，所用的变量可在宏调用时在主程序中赋值。

如　G65 P9120 X100.0 Y20.0 F20.0；

其中 X、Y、F 对应于宏程序中的变量代号，变量的具体数值由自变量后的数值决定。自变量与宏程序中变量的对应关系有两种，两种方法可以混用，其中 G、L、N、O、P 不能作为自变量为变量赋值。变量赋值方法Ⅰ、Ⅱ见表 5—1—3 和表 5—1—4。

表 5—1—3　　　　　　　　　变量赋值方法Ⅰ

自变量	变量	自变量	变量	自变量	变量	自变量	变量
A	♯1	H	♯11	R	♯18	X	♯24
B	♯2	I	♯4	S	♯19	Y	♯25
C	♯3	J	♯5	T	♯20	Z	♯26
D	♯7	K	♯6	U	♯21		
E	♯8	M	♯13	V	♯22		
F	♯9	Q	♯17	W	♯23		

表 5—1—4　　　　　　　　　　　　　　**变量赋值方法 Ⅱ**

自变量	变量	自变量	变量	自变量	变量	自变量	变量
A	#1	I_3	#10	I_6	#19	I_9	#28
B	#2	J_3	#11	J_6	#20	J_9	#29
C	#3	K_3	#12	K_6	#21	K_9	#30
I_1	#4	I_4	#13	I_7	#22	I_{10}	#31
J_1	#5	J_4	#14	J_7	#23	J_{10}	#32
K_1	#6	K_4	#15	K_7	#24	K_{10}	#33
I_2	#7	I_5	#16	I_8	#25		
J_2	#8	J_5	#17	J_8	#26		
K_2	#9	K_5	#18	K_8	#27		

注：使用 I、J、K 代号时，必须按字母顺序指定（赋值）。

　　尽管变量赋值方法 Ⅱ "充分利用资源"，但实际上在实际编程中无法输入下标，要分清是哪一组 I、J、K 非常麻烦。

　　4. 运算指令

　　宏程序具有赋值、算术运算、逻辑运算等功能，其运算形式、意义及示例见表 5—1—5。

表 5—1—5　　　　　　　　　　　　**变量的各种运算**

项目	形　式	意　义	具体示例
定义转换	#i＝#j	定义、转换	#20＝#500 #102＝#10
算术运算	#i＝#j＋#k	和	#5＝#10＋#102
	#i＝#j－#k	差	#8＝#3＋#100
	#i＝#j×#k	积	#120＝#1×#24 #20＝#7×#360
	#i＝#j／#k	商	#104＝#8／#7 #110＝#21／#12
	#i＝SIN［#j］	正弦（度）	#10＝SIN［#5］
	#i＝ASIN［#j］	反正弦（度）	#10＝ASIN［#16］
	#i＝COS［#j］	余弦（度）	#133＝COS［#20］
	#i＝ACOS［#j］	反余弦（度）	#10＝ACOS［#16］
	#i＝TAN［#j］	正切	#30＝TAN［#21］
	#i＝ATAN［#j］／［#k］	反正切	#148＝ATAN［#1］／［#2］
	#i＝SQRT［#j］	平方根	#131＝SQRT［#10］
	#i＝ABS［#j］	绝对值	#5＝ABS［#102］
	#i＝ROUND［#j］	四舍五入	#112＝ROUND［#23］
	#i＝FIX［#j］	上取整	#115＝FIX［#109］
	#i＝FUP［#j］	下取整	#114＝FUP［#33］
	#i＝LN［#j］	自然对数	#3＝LN［#100］
	#i＝EXP［#j］	指数 e^x	#7＝EXP［#9］

续表

项目	形　式	意　义	具体示例
逻辑运算	#i＝#j AND #k	与	#11＝#1 AND #18
	#i＝#j OR #k	或	#20＝#3 OR #8
	#i＝#j XOR #k	异或	#12＝#5 XOR 25

5. 控制指令

控制指令起到控制程序流向的作用。

（1）分支语句（GOTO）格式

IF［〈条件表达式〉］GOTO n

IF［〈条件表达式〉］THEN〈表达式〉

若条件表达式为成立则程序转向段号为 n 的程序段，若条件不满足就继续执行下一句程序，条件式的种类见表 5—1—6。

表 5—1—6　　　　　　　　　　条件式种类

条　件　式	意　义
#j EQ #k	＝
#j NE #k	≠
#j GT #k	＞
#j LT #k	＜
#j GE #k	≥
#j LE #k	≤

（2）循环指令格式

WHILE［〈条件式〉］DO m（m＝1，2，3）；
　　　⋮
　　END m；

当条件式满足时，就循环执行 WHILE 与 END m 之间的程序段；若条件不满足就执行 END m 的下一个程序段。但应注意：

1）同一识别号可以使用多次，但 DO m 与 END m 必须成对使用。

示例
　　　⋮
　　WHILE［…］DO2；
　　　⋮
　　END2；
　　　⋮
　　WHILE［…］DO2；
　　　⋮
　　END2；
　　　⋮

2）循环可以嵌套，但最多嵌套三层。

示例

    ⋮

    WHILE［…］DO1；

    ⋮

    WHILE［…］DO2；

    ⋮

    WHILE［…］DO3；

    ⋮

    END3；

    ⋮

    END2；

    ⋮

    END1；

    ⋮

3）循环不可以交叉。

示例

    ⋮

    WHILE［…］DO2；

    ⋮

    WHILE［…］DO3；

    ⋮

    END2；

    ⋮

    END3；

    ⋮

4）可以从循环内向循环外转移。

示例

    ⋮

    WHILE［…］DO2；

    ⋮

    GOTO11；

    ⋮

    END2；

    ⋮

    N11…；

    ⋮

5）不可以从循环外向循环内转移。

示例

　　⋮

　　GOTO11；

　　⋮

　　WHILE［…］DO2；

　　⋮

　　N11…；

　　⋮

　　END2；

　　⋮

6）在循环内可以调用用户宏程序或子程序。

示例

WHILE［…］DO2；　　　　　WHILE［…］DO2；

　　⋮　　　　　　　　　　　　⋮

G65…；　　　　　　　　　　M98…；

　　⋮　　　　　　　　　　　　⋮

G66…；　　　　　　　　　　END2；

　　⋮　　　　　　　　　　　　⋮

G67；

END2；

　　⋮

6. 宏程序的使用方法

（1）宏程序使用格式

宏程序格式与子程序一样，结尾用 M99 返回主程序。

示例

O1；　　　　　主程序　　　　　　　　　　　O8000；　宏程序

　　⋮　　　　　　　　　　　　　　　　　　　　⋮

G65P8000　　（自变量赋值）；　　　　　　　［变量］

　　⋮　　　　　　　　　　　　　　　　　　［运算指令］宏程序体

　　⋮　　　　　　　　　　　　　　　　　　［控制指令］

　　⋮　　　　　　　　　　　　　　　　　　　　⋮

M30；　　　　　　　　　　　　　　　　　　M99；

131

（2）选择程序号

程序在存储器中的位置决定了该程序一些权限，根据程序的重要程度和使用频率，用户可选择合适的程序号（适用于任何程序），具体如表 5—1—7 所示。

表 5—1—7 程序的存储区间

存储区	说 明
O0001～O7999	程序能自由存储、删除和编辑
O8000～O8999	不经设定，该程序就不能进行存储、删除和编辑
O9000～O9019	用于特殊调用的宏程序
O9020～O9899	如果有设定参数就不能进行存储、删除和编辑
O9900～O9999	用于机器人操作程序

（3）宏程序调用方法

1）非模态调用（单纯调用） 它是指一次性调用宏主体，即宏程序只在一个程序段内有效，叫做非模态调用。其格式：

G65 P（宏程序号）L（重复次数）〈自变量赋值〉；

一个自变量是一个字母，对应于宏程序中变量的地址，自变量后边的数值赋给宏程序中与自变量对应的变量。同一语句中可以有多个自变量。

2）模态调用 模态调用功能近似固定循环的续效作用，在调用宏程序的语句后，机床在指定的多个位置循环执行宏程序。宏程序的模态调用要用 G67 取消，其格式：

⋮

G66 P（宏程序号）L（重复次数）〈自变量赋值〉；

⋮

G67；

⋮

任务实施

一、图样分析

已知毛坯材料为铝料，毛坯形状为圆棒状，毛料尺寸径向有 3 mm 余料。零件图形的外形轮廓由外圆、锥体、圆弧槽、椭圆曲面等组成。外圆部分有公差要求在 0.03 mm 以内，总长度有 0.2 mm 的公差要求，椭圆要符合要求，同时在加工中还要保证较高表面粗糙度 $R_a1.6$ 的要求，加工属于简单椭圆零件中的综合零件。

二、确定工件的装夹方案

根据被加工零件的毛坯尺寸 $\phi15$ mm×150 mm，被加工零件实际尺寸 $\phi12$ mm×70 mm，毛坯长度尺寸比实际尺寸长出一倍，所以不论是小批量生产或单件生产，第一步，可采取先用三爪卡盘夹毛坯表面余出卡盘外 75 mm，粗、精车工件达到工艺尺寸及精度要求。第二步，仍然采用三爪卡盘装夹，把工件调头用铜皮垫工件已加工表面装夹，并余出卡盘外工件和切刀宽的总长度，完成另一面的粗、精加工，达到工艺尺寸及精度要求。第三步，把已加工外轮廓工件用切刀切断，截取长度 70 mm 尺寸并保证加工精度。

此种装夹方案是椭圆轴类零件经常采用的一种装夹方法，简便实用并能保证被加工工件的形位精度。对于小批量生产加工时，可完成一组工件的单面加工。另外，在调头装夹时可采用软卡爪或软垫套，以及长度方向的定位，可减少改变装夹带来的一系列刀具及程序的调整，既节省时间又能保证质量，大大提高了加工零件的效率。

三、确定加工路线

根据工件毛坯情况及图样上的技术要求，考虑加工路线首先应以保证加工精度为前提，符合加工工艺的原则，以最短的加工路径完成零件的加工。对于如图 5—1—1 所示工件，可一次装夹完成先粗、精加工，即车端面、外圆、锥体、椭圆、切圆弧槽。调头车端面、外圆、锥体、椭圆、切圆弧槽、切断。最后车端面保证长度尺寸。

四、填写加工刀具卡和工艺卡

根据上述对此工件的技术要求及装夹方法，及确定的加工路线，为进一步控制加工过程工序的顺利进行，根据零件的要求建立工件的刀具和工艺卡片。

外形的加工采用 95°和 93°外圆机夹车刀，可分为粗加工和精加工两种车刀。

根据铝质材料的特点，刀具可采用硬合金刀具或高速钢材料，参数的选择根据性能和实际的加工经验。在粗加工时，为了尽快地去除余料，根据被加工的毛坯一般采用中高转速，中等的背吃刀量和进给速度；而在精加工时，为了得到精确的尺寸和较好的表面质量，一般采用较高的转速和较小的背吃刀量及适当的进给速度，保证最终的加工质量。该工件加工的刀具和工艺卡如表 5—1—8 所示。

表 5—1—8   **工件加工的刀具和工艺卡**

零件图号		5—1—1	数控车床加工工艺卡	机床型号	CK6150
零件名称		椭圆轴		机床编号	
刀 具 表				量 具 表	
刀具号	刀补号	刀具名称	刀具参数	量具名称	规格 （mm/mm）
T01	01	95°外圆端面车刀	C 型刀片 （图 5—1—3）	游标卡尺 千分尺	0～150/0.02 0～25/0.01
T02	02	93°外圆精车刀	D 型刀片 （图 5—1—4）	深度游标卡尺 游标卡尺 千分尺	0～200/0.02 0～150/0.02 0～25/0.01
T03	03	圆弧切槽刀	高速钢	游标卡尺	0～150/0.02
T04	04	切断车刀	刀头宽 3 mm（图 5—1—5）	深度游标卡尺	0～200/0.02
T01	05	95°外圆端面车刀	C 型刀片	深度游标卡尺	0～200/0.02

续表

工序	工 艺 内 容	切削用量			加工性质
		S（r/min）	F（mm/r）	α_p（mm）	
数控车	粗车端面、椭圆、外圆、锥面	1 000	0.2～0.3	1.5～2.0	自动
	精车端面、椭圆、外圆、锥面	1 200	0.05～0.1	0.3～1.0	自动
数控车	车圆弧槽	600	0.05～0.1	1.0	自动
数控车	调头软爪或垫铜皮夹 ϕ12 外圆，粗车端面、椭圆、外圆、锥面	1 000	0.1～0.2	1.5～2.0	自动
	精车端面、椭圆、外圆、锥面	1 200	0.05～0.1	0.3～1.0	自动
数控车	切断	800	0.05～0.1	3.0	自动
	车端面、倒角	1 000	0.05～0.1	0.5～1.5	自动

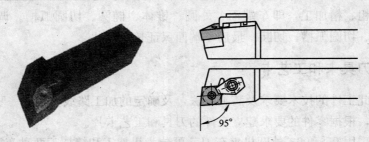

图 5—1—3　外圆端面车刀 T01

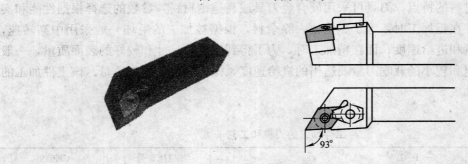

图 5—1—4　外圆精车刀 T02

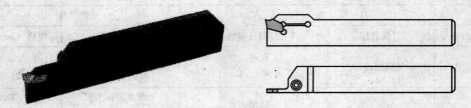

图 5—1—5　切断车刀 T04

五、编写加工程序

根据工艺过程按工序内容划分三个部分，并对应编制三个程序已完成加工。

表 5—1—9 为 Fanuc0i 数控系统的车床车削椭圆的程序。

表 5—1—9　　　　　　　　　　车削椭圆的程序

程　序　内　容	程　序　说　明
O0001；	主程序
N1；	第 1 程序段号
G99 S1000 M3 T0101；	进给速度 mm/r，主轴正转 1 000 mm/r，选 1 号刀具及 1 号刀补
G00 X100.0 Z100.0；	快速运动到安全点
X16.0 Z2.0；	刀具快速到循环点
M08；	冷却液开
G94 X0.0 Z0.0 F0.1；	工件端面简单循环
G73 U7.0 R10；	外轮廓粗加工循环
G73 P10 Q20 U0.3 W0.1 F0.15；	
N10 G00 G42 X0.0；	循环加工起始段程序，刀具右补偿
G01 Z0 F0.05；	刀具移动至椭圆顶点
#1=0；	设 #1 为 X 方向变量，椭圆短轴正方向与 X 轴方向重合
#2=30.0；	设 #2 为 Z 方向变量，椭圆长轴方向圆心与 Z 轴原点相距 30.0
WHILE [#2 GE 0] DO1；	宏程序循环语句 #2 大于等于零值时，循环执行
#1=SQRT [30*30−#2*#2] /6；	变量 #1 与自变量 #2 的函数关系
G01 X [2*#1] Z [#2−30]；	直线插补，用许多很短直线来拟合椭圆
#2=#2−0.1；	自变量 #2 每次循环移动的步距
END1；	循环结束
G01 W−6.0 F0.1；	直线插补车 ϕ10 mm 外圆
X12.0 W−6.0；	直线插补车锥面
Z−72.0；	直线插补车 ϕ12 mm 外圆
N20 G00 G40 X16.0；	循环加工终点段程序，取消刀具补偿
G00 X100.0 Z100.0；	快速运动到安全点
M09；	冷却液关
M00；	程序暂停
N2；	第 2 程序段
G99 S1200 M3 T0202；	进给速度 mm/r，主轴正转，转速 1 200 r/min，换精加工 2 号刀具
G00 X100.0 Z100.0；	快速运动到安全点
G00 X16.0 Z2.0；	刀具快速到循环点
M08；	冷却液开
G70 P10 Q20 F0.05；	精加工循环
G00 X100.0 Z100.0；	快速运动到安全点
M05；	主轴停转
M09；	冷却液关
M30；	程序结束返回程序头

表 5—1—10 为 Fanuc0i 数控系统的车床车削圆弧槽的程序。

表 5—1—11 为 Fanuc0i 数控系统的车床切断、车端面的程序。

表 5—1—10   车削圆弧槽程序

程 序 内 容	程 序 说 明
O0002；	主程序
N1；	第 1 程序段号
G99 M03 S600 T0303；	进给速度 mm/r，主轴正转，转速为 600 r/min，选 3 号刀具及 3 号刀具补偿
G00 X100.0 Z100.0；	快速运动到安全点
G00 X17.0 Z2.0；	快速运动到工件起点
M08；	冷却液开
G00 X13.0 Z—62.5 ；	快速移动
G01 X11.0 F0.05；	切槽
G04 X2.0；	进给暂停
G00 X13.0；	退刀
W—4.0；	刀具移动
G01 X11.0 F0.05；	切槽
G04 X2.0；	进给暂停
G00 X15.0；	退刀
G00 X100.0 Z100.0；	快速运动到安全点
M09；	冷却液关
M05；	主轴停转
M30；	程序结束返回程序头

表 5—1—11   切断、车端面程序

程 序 内 容	程 序 说 明
O0003；	主程序
N1；	第 1 程序段号
G99 M03 S800 T0404；	进给速度 mm/r，主轴正转，转速为 800 r/min，选 4 号刀具及 4 号刀具补偿
G00 X100.0 Z100.0；	快速运动到安全点
G00 X15.0 Z2.0；	快速运动到工件起点
M08；	冷却液开
G00 X15.0 Z—75.0；	刀具快速移动
G01 X0.0 F0.1；	切断
G00 X15.0；	退刀
G00 X100.0 Z100.0；	快速运动到安全点
M09；	冷却液关
M00；	程序暂停
N2；	第 2 程序段号
G99 M03 S1000 T0105；	进给速度 mm/r，主轴正转，转速为 1 000 r/min，选 1 号刀具及 5 号刀具补偿
G00 X100.0 Z100.0；	快速运动到安全点
G00 X16.0 Z2.0；	快速运动到工件起点
M08；	冷却液开
G94 X0.0 Z0.0 F0.1；	端面循环
G00 X13.0 Z—1.0；	快速进刀
G01 X11.0 Z0.5 F0.1；	倒角
G00 X16.0；	退刀
G00 X100.0 Z100.0；	快速运动到安全点
M09；	冷却液关
M05；	主轴停
M30；	程序结束返回程序头

六、加工过程

1. 装刀过程

根据刀具工艺卡片，准备好要用的刀具，机夹式刀具要认真检查刀片与刀体的接触和安装是否正确无误，螺钉是否已经拧牢固。按照刀具卡的刀号分别将相应的刀具安装在刀盘中。装刀时要一把一把地装，通过试切工件的端面，不断地调整垫刀片的高度，保证刀具的切削刃与工件的中心在同一高度的位置，然后将刀具压紧。

注意刀盘中的刀具与刀号的关系一定要与刀具卡一致。如果相应的刀具错误，将会发生碰撞危险，造成工件报废，机床受损，甚至造成人身伤害。

2. 对刀过程

数控车床的对刀一般采用试切法，用所选的刀具试切零件的外圆和端面，经过测量和计算得到零件端面中心点的坐标值。这种方法首先要知道进行程序编制时所采用的编程坐标系原点在工件的位置。然后通过试切，找到所选刀具与坐标系原点的相对位置，把相应的偏置值输入刀具补偿的寄存器中。

常用的方法是对每一把刀具分别对刀，将刀具偏移量分别输入寄存器。对刀的步骤如下：

（1）选择一把刀具；

（2）试切端面，保持 Z 方向不动，沿 X 向退出刀具；

（3）进入刀具偏置寄存器的形状补偿，在相应的刀补号中输入 Z0；

（4）按面板的"测量"键，就将 Z 向的偏移值输入刀补中了；

（5）试切外径，保持 X 方向不动，沿 Z 向退出刀具，并记录直径值；

（6）进入刀具偏置寄存器的形状补偿，在相应的刀补号中输入直径值；

（7）按面板的"测量"键，就将 X 向的偏移值输入刀补中了。

接着调用下一把刀具，重复以上操作将相应的偏置值输入刀具补偿中，直到完成所有刀具偏移值的输入。

另外，可以用手动脉冲的方法，在已经加工的工件面上进行对刀，这种方法对刀时，一定要注意在靠近工件后，应该采用小于 0.01 mm 的倍率来移动刀具，直到接触到工件为止，注意不要切削过大而造成工件报废。

3. 程序模拟仿真

为了使加工得到安全保证，在加工之前先要对程序进行模拟验证，检查程序的正确性。程序的模拟仿真对于初学者来讲是非常好的一种检查程序正确与否的办法，Fanuc 0i 数控系统具有图形模拟功能，通过刀具的运动路线可以检查程序是否符合加工零件的程序，如果路线有问题可改变程序并进行调整。另外，我们也可以利用支持宏程序的数控车仿真软件在计算机上进行仿真模拟，也能起到很好的效果。

4. 机床操作

先将"快速进给"和"进给速率调整"开关的倍率拨到"零"上，启动程序，慢慢地调整"快速进给"和"进给速率调整"旋钮，直到刀具切削到工件。这一步的目的是检验车床的各种设置是否正确，如果不正确就有可能发生碰撞现象，可以迅速地停止车床的运动。

当切到工件后，通过调整"进给速率调整"和"主轴转速"调整旋钮，使得切削三要素进行合理的配合，就可以持续地进行加工了，直到程序运行完毕。

在加工中，要适时地检查刀具的磨损情况，工件的表面加工质量，保证加工过程的正确，避免事故的发生。每运行完一个程序后，应检查程序的运行效果，对有明显过切或表面粗糙度达不到要求的，应立即进行必要的调整。

七、操作注意事项

1. 为了保证加工基准的一致性，在多把刀具对刀时，可以先用一把刀加工出一个基准，其他各把刀具以此为基准进行对刀。

2. 因为加工零件时要经过三次装夹，所以要注意工件坐标系改变后，每一把车刀都需要重新对刀。否则会出现撞刀事故，造成严重的损失。

3. 选择车刀时应注意椭圆的大小，不要使车刀的背面与工件发生干涉。加工时注意排屑和冷却。

八、质量误差分析

质量误差分析见表 5—1—12。

表 5—1—12　　　　　　　　　　误差现象及解决方法

序号	误 差 现 象	解 决 方 法
1	加工尺寸不合格	(1) 检查对刀的准确性，重新对刀 (2) 检查刀具是否磨损，更换刀片 (3) 检查刀具补偿磨损量的准确性 (4) 检查程序的正确性
2	圆弧过切、欠切	(1) 加上圆弧半径补偿，补偿方向要正确 (2) 刀位号要正确 (3) 半径值要正确 (4) 检查刀具刀尖是否损坏
3	表面粗糙度不合格	(1) 合理调整切削用量 (2) 检查刀具是否磨损，更换刀片

九、评分标准

质量评分标准见表 5—1—13。

表 5—1—13　　　　　　　　　　评分标准

零件图号		5—1—1	姓　名		实得总分		
零件名称		椭圆轴	组　别		操作时间		
序号	项目	技术要求	评分标准	配分	检测结果	扣分	得分
1	外圆尺寸 （包含粗糙度） 要求	$\phi 12_{-0.03}^{0}$ mm	超差全扣	10			
		粗糙度 $R_a 1.6(\phi 12_{-0.03}^{0})$	不合要求全扣	4			
		$\phi 10$ mm	超差全扣	8			
		粗糙度 $R_a 3.2$	不合要求全扣	4			

续表

序号	项目	技术要求	评分标准	配分	检测结果	扣分	得分
2	椭圆（包含粗糙度）要求	$a=30$ mm，$b=5$ mm	超差全扣	12			
		椭圆度	不合要求全扣	4			
		粗糙度 $R_a1.6$	不合要求全扣	4			
3	长度尺寸要求	$70^{+0.1}_{-0.1}$ mm	超差全扣	8			
		40 mm	超差全扣	4			
		28 mm	超差全扣	4			
		6 mm	超差全扣	4			
		3 mm	超差全扣	4			
		7 mm	超差全扣	4			
4	锥度	锥度比为 1：3	不合要求全扣	4			
		粗糙度 $R_a1.6$	不合要求全扣	4			
5	圆弧槽	两处 R0.5	不合要求全扣	10分			
		两处宽 1 mm	超差全扣	6			
6	倒角	倒角 C0.5	不合要求全扣	2			
7		不符合安全文明生产要求扣 5					
8		①程序要完整，有自动换刀，连续加工（除端面外，不允许手动加工）②加工中有违反数控工艺（如未按小批量生产件编程等），视情况酌情扣分 ③扣分不超过 10 分					
9		①未注尺寸公差按照 GB 1804—92M ②工件必须完整，考件局部无缺陷（夹伤等）③扣分不超过 10 分					
	监考人		检测人		评分人		

课题二　非圆曲线的编程与加工

学习目标

◆ 能正确编制非圆曲线类零件的加工工艺；

◆ 会选择非圆曲线类零件常用的刀具；

◆ 能正确分析加工工艺的特点；

◆ 掌握非圆曲线类零件的数控编程。

任务引入

　　加工图 5—2—1 所示的抛物线类零件和图 5—2—2 双曲线类零件，分析非圆曲线类零件图样上的技术要求，确定加工方法，编程的格式以及常用的刀具，使加工符合精度和公差要求。

工件材料为 45 号钢，毛坯尺寸 $\phi 30$ mm×50 mm 棒料。

任务实施

一、图样分析

如图 5—2—1 和图 5—2—2 所示工件的材料为 45 号钢 $\phi 30$ mm×50 mm 棒料，径向尺寸有 5 mm 余料。零件图形的外形轮廓有外圆、非圆曲线曲面等组成。外圆部分有两处公差要求在 0.02 mm 以内，非圆曲线要符合要求，同时在加工中还要保证较高的表面粗糙度的要求，加工属于简单非圆曲线零件中的综合零件。

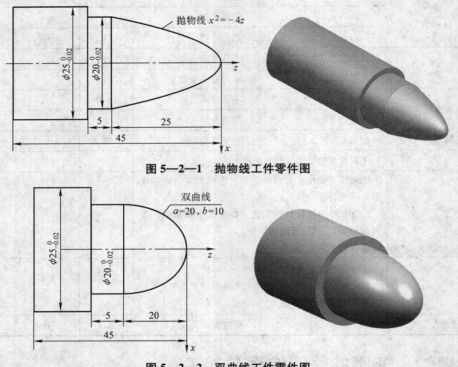

图 5—2—1　抛物线工件零件图

图 5—2—2　双曲线工件零件图

二、确定工件的装夹方案

非圆曲线类零件的加工与普通轴、盘类零件的加工基本一致，可借鉴普通轴、盘类零件的加工工艺。

被加工零件如果是小批量生产时，第一步可采取先用三爪卡盘夹毛坯表面粗车一个工艺台。第二步仍然采用三爪卡盘，把工件调头夹工艺台，完成端面、外圆的加工。第三步可采用软卡爪装夹已加工的外圆，再把其余部分加工到尺寸。此种装夹方案是非圆曲线类零件经常采用的一种装夹方法，简便实用并能保证被加工工件的加工精度。对于批量生产加工时，应采用专用夹具，使用工序集中方法，让每一步的加工至少要完成一组工件的加工，可减少改变装夹带来的一系列刀具及程序的调整，大大缩短了加工零件的周期。

三、确定加工路线

根据工件毛坯情况及图样上的技术要求，考虑加工路线首先应以保证加工精度为前提，符合加工工艺的原则，以最短的加工路径完成零件的加工。对于如图 5—2—1 和图 5—2—2 所示工件，可先粗加工车削工艺台，即粗车外圆，调头车端面并作为基准，精车削外圆 $\phi25$ 至尺寸精度要求。最后再调头车非圆曲线外。

四、填写加工刀具卡和工艺卡

根据上述对此工件的技术要求及装夹方法的分析及确定的加工路线，为进一步控制加工过程工序的顺利进行，根据零件的要求编写工件的刀具和工艺卡片。

外形的加工采用 95° 和 93° 外圆机夹车刀，可分为粗加工和精加工两种车刀。

根据 45 号钢材料的特点，刀具采用硬合金刀具，参数的选择根据性能和实际的加工经验。在粗加工时，为了尽快去除余料，一般采用较低的转速，较大的背吃刀量；而在精加工时，为了得到精确的尺寸和较好的表面质量，一般采用较高的转速和小的背吃刀量，保证最终的加工质量。该工件加工的刀具和工艺卡分别见表 5—2—1 和表 5—2—2。

表 5—2—1   抛物线工件加工的刀具和工艺卡

零件图号		5—2—1	数控车床加工工艺卡		机床型号	CK6150
零件名称		抛物线轴			机床编号	

刀 具 表				量 具 表	
刀具号	刀补号	刀具名称	刀具参数	量具名称	规格（mm/mm）
T01	01	95°外圆端面车刀	C 型刀片 （图 5—2—3）	游标卡尺	0～150/0.02
				千分尺	0～25/0.01
T02	02	93°外圆精车刀	D 型刀片 （图 5—2—4）	游标卡尺	0～150/0.02
				千分尺	0～25/0.01

工序	工 艺 内 容	切削用量			加工性质
		S（r/min）	F（mm/r）	α_p（mm）	
数控车	车外圆、端面完成工艺台	1 000	0.2～0.3	1～2	自动
	车端面确定基准	1 000	0.05～0.1	0.5～1.5	自动
	车 $\phi25$ 外圆	1 200	0.05～0.1	0.5	自动
数控车	调头软爪夹 $\phi25$ 外圆、车端面	1 200	0.1～0.2	0.5～1.5	自动
	车外轮廓符合技术要求	1 500	0.1～0.2	0.5～2	自动

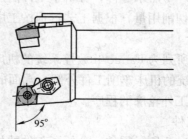

图 5—2—3 外圆端面车刀 T01

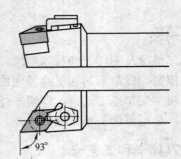

图 5—2—4　外圆精车刀 T02

表 5—2—2　　　　　　　　　　　　**双曲线工件加工的刀具和工艺卡**

零件图号	5—2—2	数控车床加工工艺卡	机床型号	CK6150
零件名称	双曲线轴		机床编号	

刀 具 表				量 具 表	
刀具号	刀补号	刀具名称	刀具参数	量具名称	规格 （mm/mm）
T01	01	95°外圆端面车刀	C 型刀片 （图 5—2—3）	游标卡尺 千分尺	0～150/0.02 0～25/0.01
T02	02	93°外圆精车刀	D 型刀片 （图 5—2—4）	千分尺	0～150/0.02 0～25/0.01

工序	工 艺 内 容	切削用量			加工性质
		S （r/min）	F （mm/r）	α_p （mm）	
数控车	车外圆、端面完成工艺台	1 000	0.2～0.3	1～2	自动
	车端面确定基准	1 000	0.05～0.1	0.5～1.5	自动
	车 $\phi25$ 外圆	1 200	0.05～0.1	0.5	自动
数控车	调头软爪夹 $\phi25$ 外圆、车端面	1 200	0.1～0.2	0.5～1.5	自动
	车外轮廓符合技术要求	1 500	0.1～0.2	0.5～2	自动

五、编写加工程序

1. 抛物线工件

根据图 5—2—1 所示零件，分析了工件的加工路线，并且确定了加工时的装夹方案，以及采用的刀具和切削用量，根据工艺过程按工序内容划分三个部分，并对应编制三个程序以完成加工。

表 5—2—3 所列为 Fanuc 0i 数控系统的机床车削工件工艺台的程序；表 5—2—4 所列为 Fanuc 0i 数控系统的机床车削工件外圆、端面的程序；表 5—2—5 所列为 Fanuc 0i 数控系统的机床粗、精加工外轮廓的程序。

2. 双曲线工件

根据图 5—2—2 所示零件，分析了工件的加工路线，并且确定了加工时的装夹方案，以及采用的刀具和切削用量，根据工艺过程按工序内容划分三个部分，并对应编制三个程序以完成加工。

表 5—2—3　　　　　　　　　　车削工件工艺台的程序

程 序 内 容	程 序 说 明
O0001;	主程序
N1;	第 1 程序段号
G99 M03 S1000 T0101;	选 1 号刀，主轴正转，1 000 r/min
G00 X200.0 Z150.0;	快速运动到安全点
G00 X35.0 Z2.0;	快速运动到循环点
M08;	冷却液开
G90 X27.0 Z—20.0 F0.2;	外圆循环
X26.0;	外圆循环
X25.0;	外圆循环
G94 X0.0 Z—2.0 F0.2;	端面循环
G00 X200.0 Z150.0;	快速运动到安全点
M09;	冷却液关
M30;	程序结束返回程序头

表 5—2—4　　　　　　　　　　车削工件外圆、端面的程序

程 序 内 容	程 序 说 明
O0002;	主程序
N1;	第 1 程序段号
G50 S1800	最高主轴限速 1 800 r/min
G99 G96 S500 M03 T0101;	换 1 号刀，主轴线速度 500 m/min
G00 X200.0 Z150.0;	快速运动到安全点
G00 X35.0 Z2.0;	快速运动到循环点
M08;	冷却液开
G94 X0.0 Z0.5 F0.2;	端面循环
Z0.0 F0.1;	
G90 X27.0 Z—30.0 F0.2;	外圆循环
X26.0;	
G00 X200.0 Z150.0;	快速运动到安全点
M09;	冷却液关
M00;	程序暂停
N2;	第 2 程序段号
G99 G97 S1200 M03 T0202;	换 2 号精车刀，恒转速设定
G00 X200.0 Z150.0;	快速运动到安全点
M08;	冷却液开
G00 X35.0 Z2.0;	快速运动到循环点
G90 X25.0 Z—30.0 F0.1;	外圆加工循环
G00 X200.0 Z150.0;	快速运动到安全点
M09;	冷却液关
M30;	程序结束返回程序头

表 5—2—5 粗、精加工外轮廓的程序

程 序 内 容	程 序 说 明
O0003；	主程序
N1；	程序段号
G99 S1200 M3 T0101；	选 1 号刀，主轴正转 1 200 r/min
G0 X100.0 Z100.0；	快速运动到安全点
X26.0 Z2.0；	刀具快速运动到循环点
G73 U16.0 R10；	外圆粗加工循环
G73 P10 Q20 U0.5 W0.2 F0.2；	
N10 G42 G0 X0；	循环加工起始段程序，刀具右补偿
G1 Z0 F0.1 M8；	冷却液开
#1=1.0；	X 值的每次增量
#2=0.0；	X 的起始值
#9=10.0；	X 的终止值
WHILE [#2 LE #9] DO1；	#2 值≤#9 值时，循环执行
#6=−[#2*#2]/4；	Z 值，X×X=−4×Z
G1 X [2*#2] Z#6 F0.1；	直线插补，用许多很短直线来拟合曲线
#2=#2+#1；	X 值递增
END1；	循环结束
G1 W−5.0 F0.1；	
N20 G40 X26.0；	循环加工终点段程序，取消刀具补偿
G0 X100.0 Z100.0；	快速运动到安全点
M9；	冷却液关
M00；	程序暂停
N2；	第 2 程序段
G99 S1500 M3 T0202；	换精加工刀具 转速 1 500 r/min
G0 X26.0 Z2.0；	刀具快速到循环点
M8；	冷却液开
G70 P10 Q20 F0.1；	精加工循环
G0 X100.0 Z100.0；	快速运动到安全点
M9；	冷却液关
M30；	程序结束返回程序头

表 5—2—6 所列为 Fanuc 0i 数控系统的机床车削工件工艺台的程序；表 5—2—7 所列为 Fanuc 0i 数控系统的机床车削工件外圆、端面的程序；表 5—2—8 所列为 Fanuc 0i 数控系统的机床粗、精加工外轮廓的程序。

表 5—2—6 车削工件工艺台的程序

程 序 内 容	程 序 说 明
O0001；	主程序
N1；	第 1 程序段号
G99 M03 S1000 T0101；	选 1 号刀，主轴正转，转速 1 000 r/min
G00 X200.0 Z150.0；	快速运动到安全点
G00 X35.0 Z2.0；	快速运动到循环点
M08；	冷却液开
G90 X27.0 Z−25.0 F0.2；	外圆循环
X26.0；	外圆循环
X25.0；	
G94 X0.0 Z−2.0 F0.2；	端面循环
G00 X200.0 Z150.0；	快速运动到安全点
M09；	冷却液关
M30；	程序结束返回程序头

表 5—2—7 车削工件外圆、端面的程序

程 序 内 容	程 序 说 明
O0002；	主程序
N1；	第 1 程序段号
G50 S1800；	最高主轴限速 1 800 r/min
G99 G96 S500 M03 T0101；	换 1 号刀，主轴线速度 500 m/min
G00 X200.0 Z150.0；	快速运动到安全点
G00 X35.0 Z2.0；	快速运动到循环点
M08；	冷却液开
G94 X0.0 Z0.5 F0.2；	断面循环
Z0.0 F0.1；	
G90 X27.0 Z—30.0 F0.2；	外圆循环
X26.0；	
G00 X200.0 Z150.0；	快速运动到安全点
M09；	冷却液关
M00；	程序暂停
N2；	第 2 程序段号
G99 G97 S1200 M03 T0202；	换 2 号精车刀，恒转速设定
G00 X200.0 Z150.0；	快速运动到安全点
M08；	冷却液开
G00 X35.0 Z2.0；	快速运动到循环点
G90 X25.0 Z—25.0 F0.1；	外圆加工循环
G00 X200.0 Z150.0；	快速运动到安全点
M09；	冷却液关
M30；	程序结束返回程序头

表 5—2—8 粗、精加工外轮廓的程序

程 序 内 容	程 序 说 明
O0003；	主程序
N1；	程序段号
G99 S1200 M3 T0101；	选 1 号刀，主轴正转，转速 1 200 r/min
G0 X100.0 Z100.0；	快速运动到安全点
X26.0 Z2.0；	刀具快速到循环点
G73 U16.0 R10；	外圆粗加工循环
G73 P10 Q20 U0.5 W0.2 F0.2；	
N10 G42 G0 X0；	循环加工起始段程序，刀具右补偿
G1 Z0 F0.1 M8；	冷却液开
#1=0.1；	X 值的每次增量
#2=0.0；	X 的起始值
#3=20.0；	双曲线的长半轴 a，Z 向
#4=10.0；	双曲线的短半轴 b，X 向
#5=10.0；	X 的终止值
WHILE［#2 LE #5］DO1；	#2 值≤#5 值时，循环执行
#7=［1+［#2＊#2］/［#4＊#4］］＊［#3 ＊#3］；	$Z\times Z=1+[(X\times X)/(b\times b)]\times(a\times a)$

145

程 序 内 容	程 序 说 明
#9＝SQRT［#7］;	Z 值
G1X［2＊#2］Z－#9 F0.1;	直线插补,用许多很短直线来拟合曲线
#2＝#2＋#1;	X 值递增
END1;	循环结束
G1 W－5.0 F0.1;	
N20 G40 X26.0;	循环加工终点段程序,取消刀具补偿
G0 X100.0 Z100.0;	快速运动到安全点
M9;	冷却液关
M00;	程序暂停
N2;	第 2 程序段
G99 S1500 M3 T0202;	换精加工刀具,转速 1 500 r/min
G0 X26.0 Z2.0;	刀具快速到循环点
M8;	冷却液开
G70 P10 Q20 F0.1;	精加工循环
G0 X100.0 Z100.0;	快速运动到安全点
M9;	冷却液关
M30;	程序结束返回程序头

六、考核评分

抛物线工件质量评分见表 5—2—9,考核要求如下:

1. 以单件生产条件编程。

2. 不准用砂布及锉刀等修饰表面。

3. 未注公差尺寸按 GB 1804 中 M 级。

4. 尖角处导钝 C0.3。

5. 材料及备料尺寸:45 号钢(φ35 mm×50 mm)。

表 5—2—9 考核评分

工种	数控车床		图 号	图 5—2—1	学 校		总得分		
批 次			机床编号		姓 名		学 历		
序号	考核项目	考核内容及要求		评分标准		检测结果	配分	扣分	得分	备注
1	长度	45 mm		超差不得分			10			
2		25 mm		超差不得分			5			
3		5 mm		超差不得分			5			
4	外圆	$\phi25_{-0.02}^{0}$ mm		超差不得分			10			
5		$\phi20_{-0.02}^{0}$ mm		超差不得分			10			
6	抛物线面	抛物线		不符合要求不得分			20			
7	倒角	C0.3		不符合要求不得分			10			2 处
8	文明生产	按有关规定每违反一项从总分中扣 3 分,发生重大事故取消考试。扣分不超过 10 分								

续表

序号	考核项目	考核内容及要求	评分标准	检测结果	配分	扣分	得分	备注
9	程序编制	①程序要完整，有自动换刀，连续加工（除端面外，不允许手动加工） ②加工中有违反数控工艺（如未按单位生产条件编程等），视情况酌情扣分 ③扣分不超过 20 分						
10	其他项目	①未注尺寸公差按照 GB 1804 中 M 级 ②工件必须完整，考件局部无缺陷（夹伤等） ③扣分不超过 10 分						
11	加工时间	定额时间：60 min。到时间停止加工。超时扣 10 分						
记录员		监考人		检验员		考评人		

双曲线工件质量评分见表 5—2—10，考核要求如下：

1. 以单件生产条件编程。

2. 不准用砂布及锉刀等修饰表面。

3. 未注公差尺寸按 GB 1804 中 M 级。

4. 尖角处倒钝 C0.3。

5. 材料及备料尺寸：45 号钢（$\phi 35$ mm×50 mm）。

表 5—2—10　　　　　考核评分

工种		数控车床	图　号		5—2—2	学　校		总得分		
批　次			机床编号			姓　名		学　历		

序号	考核项目	考核内容及要求	评分标准	检测结果	配分	扣分	得分	备注
1	长度	45 mm	超差不得分		10			
2		25 mm	超差不得分		5			
3		5 mm	超差不得分		5			
4	外圆	$\phi 25_{-0.02}^{0}$ mm	超差不得分		10			
5		$\phi 20_{-0.02}^{0}$ mm	超差不得分		10			
6	双曲线面	抛物线	不符合要求不得分		20			
7	倒角	C0.3	不符合要求不得分		10			2 处
8	文明生产	按有关规定每违反一项从总分中扣 3 分，发生重大事故取消考试。扣分不超过 10 分			10			
9	程序编制	①程序要完整，有自动换刀，连续加工（除端面外，不允许手动加工） ②加工中有违反数控工艺（如未按单件生产条件编程等），视情况酌情扣分 ③扣分不超过 20 分			20			

续表

序号	考核项目	考核内容及要求	评分标准	检测结果	配分	扣分	得分	备注
10	其他项目	①未注尺寸公差按照 GB 1804 中 M 级 ②工件必须完整，考件局部无缺陷（夹伤等） ③扣分不超过 10 分						
11	加工时间	定额时间：60 min。到时间停止加工。超时扣 10 分						
记录员		监考人		检验员		考评人		

思考与练习

1. 非圆曲线类零件的特点是什么？

2. 常见非圆曲线类零件有哪些装夹方法？

3. 非圆曲线类零件加工时，常用哪些指令？

4. 如题图 5—1 所示零件，试编写此零件的加工工艺和加工程序。

它是以椭圆加工为主的简单综合零件，此椭圆的加工终点并不是椭圆的顶点，同时在椭圆的终点部位连接外沟槽，所以在编程和加工中要考虑工艺方法及刀具的干涉情况。材料 45 号钢，工件毛坯为 $\phi 45$ mm×104 mm。

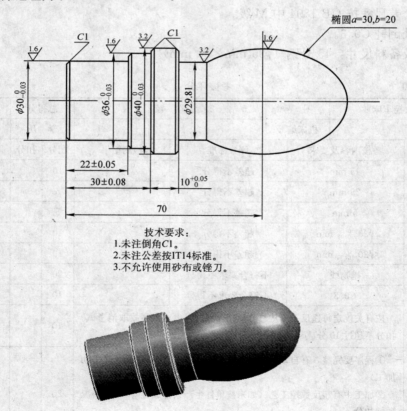

技术要求：
1. 未注倒角 $C1$。
2. 未注公差按 IT14 标准。
3. 不允许使用砂布或锉刀。

题图 5—1 零件图

5. 如题图 5—2 所示零件，材料 45 号钢，ϕ35 mm×100 mm，试编写此零件的加工工艺和加工程序。

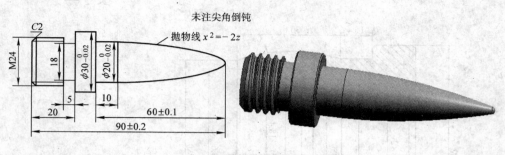

题图 5—2　零件图

6. 如题图 5—3 所示零件，材料 45 号钢，尺寸 ϕ50 mm×115 mm，试编写此零件的加工工艺和加工程序。

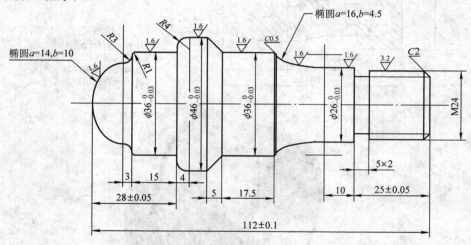

技术要求：
1.不准用砂布及锉刀等修饰表面。
2.未注公差尺寸按GB1804中M级。
3.端面允许打中心孔。
4.未注倒角C0.5。

题图 5—3　零件图

7. 如题图 5—4 所示零件，材料 45 号钢，ϕ85 mm×65 mm，试编写此零件的加工工艺和加工程序。

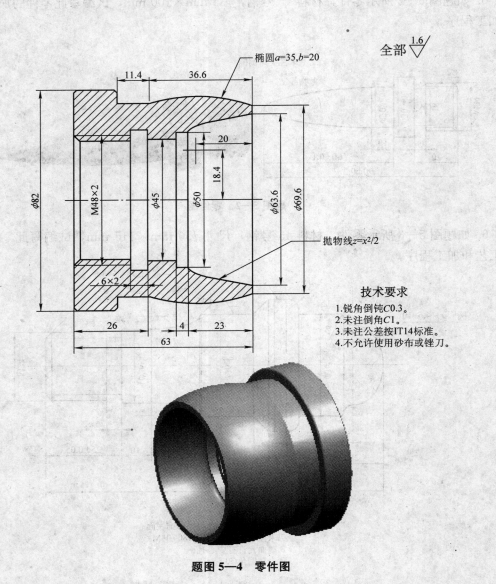

全部 $\sqrt{1.6}$

椭圆$a=35,b=20$

抛物线$z=x^2/2$

技术要求

1. 锐角倒钝$C0.3$。
2. 未注倒角$C1$。
3. 未注公差按IT14标准。
4. 不允许使用砂布或锉刀。

题图5—4 零件图

模块六

复杂零件的编程与加工

课题一　加工实例一

学习目标

◆ 能正确编制零件的加工工艺；

◆ 能正确分析加工工艺的特点；

◆ 掌握简单零件的数控编程。

任务引入

加工如图6—1—1所示的工件，确定加工方法，编制加工的程序，熟练掌握常用的刀具，使加工符合精度和公差要求。毛坯尺寸 $\phi60\times110$，材料45号钢。

任务分析

这是一个常见的轴类零件，它由外圆、孔、圆弧、锥体、螺纹等组成，加工时考虑零件的特点可先加工零件的右端达到工艺的要求，再加工零件的左端，并且使得圆弧两端圆滑地过渡。

任务实施

一、填写加工刀具卡和工艺卡

图6—1—1所示零件加工的刀具和工艺卡见表6—1—1。

151

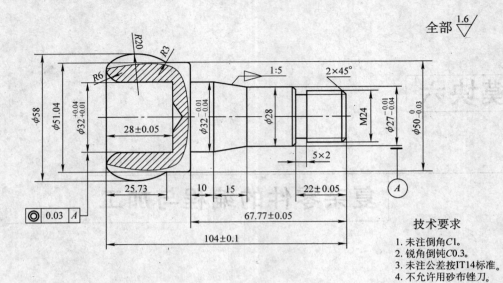

全部 ∇ 1.6

技术要求
1. 未注倒角C1。
2. 锐角倒钝C0.3。
3. 未注公差按IT14标准。
4. 不允许用砂布锉刀。

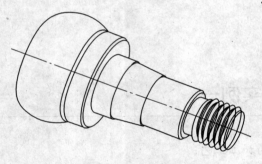

图6—1—1 工件零件图

表6—1—1   加工工件的刀具和工艺卡

零件图号	6—1—1	数控车床加工工艺卡	机床型号	CKA6150
零件名称	件		机床编号	

刀 具 表				量 具 表	
刀具号	刀补号	刀具名称	刀具参数	量具名称	规格（mm/mm）
T01	01	95°外圆端面车刀	C型刀片（图6—1—2）	游标卡尺 千分尺	0～150/0.02 25～50/0.01 50～70/0.01
T02	02	93°外圆精车刀	D型刀片（图6—1—3）	游标卡尺 千分尺	0～150/0.02 25～50/0.01 50～75/0.01
T03	03	切刀	刀宽4 mm	游标卡尺	0～150/0.02
T04	04	螺纹刀	螺纹刀片	螺纹环规	M24
T05	05	91°镗孔车刀	T型刀片（图6—1—4）	内径表	0.01
T08	08	钻头φ30		游标卡尺	0～150/0.02

工序	工 艺 内 容	切削用量			加工性质
		S (r/min)	F (mm/r)	a_p (mm)	
数控车	车外圆、端面完成工艺台	800	0.2~0.3	2	自动
	钻孔	300	0.2~0.3	15	自动
数控车	调头车端面确定基准	1 000	0.05~0.1	0.5~1.5	自动
	一顶一夹				
	车外圆、圆锥、倒角	1 200	0.05~0.1	0.5	自动
	切槽车螺纹	800	0.05~0.1		自动
数控车	调头软爪夹 ϕ50 外圆，车端面	1 000	0.1~0.2	0.5~1.5	自动
	镗孔至尺寸	1 200	0.05~0.1	0.3	自动
	车外轮廓、倒角符合技术要求	1 200	0.1~0.2	0.5~2	自动

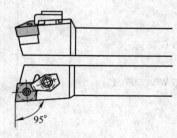

图 6—1—2　外圆端面车刀 T01

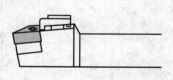
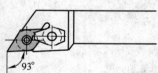

图 6—1—3　外圆精车刀 T02

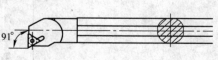

图 6—1—4　镗孔车刀 T05

二、编写加工程序

根据图 6—1—1 所示零件，分析了工件的加工路线，并且确定了加工时的装夹方案，以及采用的刀具和切削用量，根据工艺过程按工序内容划分三个部分，并对应编制三个程序以完成加工。

表 6—1—2 所列为 Fanuc 0i 数控系统的机床车削工件的程序。

表 6—1—2   **车削工件的程序**

程序内容	程序说明
O0001;	主程序
N1;	第 1 程序段号
G99 M03 S800 T0101;	选 1 号刀，主轴正转，转速 800 r/min
G00 X100. Z100. ;	快速运动到安全点
X62. Z2. ;	快速运动到循环点
	冷却液开
G94 X0.0 Z0.0 F0.1;	端面循环
G71 U2. R0.5;	粗加工复合循环
G71 P11 Q22 U0.5 W0.05 F0.15;	
N11 G00 X19.8;	快速到达切削点
G01 Z0. ;	
X23.8 Z−3. ;	倒角
Z−22. ;	车外圆
X28. C1;	倒角
W−20.77;	车外圆
X31. W−15. ;	车锥体
X32. C0.3;	倒角
W−10. ;	车外圆
X50. X0.3;	倒角
W−10.5;	车外圆
G02 X51.04 W−0.73 R3. ;	车圆弧
G03 X58. W−11.27 R20. ;	车圆弧 R20
N22 G00 X62. ;	返回循环起点
G00 X100. Z100. ;	快速运动到安全点
M05;	主轴停
M09;	冷却液关
M00;	程序暂停
N2;	第 2 程序段号
G99 M03 S1500 T0202;	选 2 号刀，主轴正转，转速 1 500 r/min
G0 X100. Z100. ;	快速运动到安全点

程 序 内 容	程 序 说 明
X62. Z2. ；	快速运动到循环点
M08；	冷却液开
G70 P11 Q22 F0.1；	精加工复合循环
G00 X100. Z100. ；	快速运动到安全点
M05；	主轴停
M09；	冷却液关
M00；	程序暂停
N3；	第 3 程序段号
G99 M03 S800 T0303；	选 3 号刀，主轴正转，转速 800 r/min
G00 X100. Z100. ；	快速运动到安全点
X30. Z22. ；	快速到达切削点
Z—22. ；	
M08；	冷却液开
G01 X20.2 F0.05；	切槽
G00 X30. ；	退刀
W1. ；	移动刀具
G01 X20. ；	切槽
W—1. ；	
G00 X30. ；	快速退刀
G00 X100. ；	快速运动到安全点
Z100. ；	
M05；	主轴停
M09；	冷却液关
M00；	程序暂停
N4；	第 3 程序段号
G99 M03 S800 T0404；	选 4 号刀，主轴正转，转速 800 r/min
G00 X100. Z100. ；	快速运动到安全点
X25. Z2. ；	快速到达切削点
M08；	冷却液开
G76 P020060 Q50 R0.05；	螺纹循环
G76 X20.1 Z—20. P1950 Q300 F3. ；	
G0 X100. Z100. ；	快速运动到安全点
M05；	主轴停
M09；	冷却液关
M30；	程序结束返回程序头
O0002；	调头车外圆弧程序名
N1；	第 1 程序段号

程 序 内 容	程 序 说 明
G99 M03 S800 T0101；	选 1 号刀，主轴正转，转速 800 r/min
G00 X100. Z100. ；	快速运动到安全点
X62. Z2. ；	快速运动到循环起点
M08；	冷却液开
G94 X0. 0 Z0. 0 F0. 1；	端面循环
G71 U1. 5 R0. 5；	粗加工复合循环
G71 P11 Q22 U0. 5 W0. 05 F0. 15；	
N11 G00 X47. 1；	
G01 Z0. ；	
G03 X58. W－13. 73 R20. ；	车圆弧
N22 G00 X62. ；	
G00 X100. Z100. ；	快速运动到安全点
M05；	主轴停
M09；	冷却液关
M00；	程序暂停
N2；	第 2 程序段号
G99 M03 S1500 T0202；	选 2 号刀，主轴正转，转速 1 500 r/min
G0 X100. Z100. ；	快速运动到安全点
X62. Z2. ；	快速运动到循环起点
M08；	冷却液开
G70 P11 Q22 F0. 05；	精加工复合循环
G00 X100. Z100. ；	快速运动到安全点
M05；	主轴停
M09；	冷却液关
M30；	程序结束返回程序头
O0003；	镗孔程序名
N1；	第 1 程序段号
G99 M03 S1000 T0505；	选 5 号刀，主轴正转，转速 1 000 r/min
G00 X100. Z100. ；	快速运动到安全点
X20. Z2. ；	快速运动到循环点
M08；	冷却液开
G71 U1. 5. R0. 5；	粗加工镗孔复合循环
G71 P11 Q22 U－0. 3 W0. 05 F0. 1；	
N11 G00 X42. ；	快速到达切削点
G01 Z0. ；	
G02 X32. W－6. R6. ；	车圆弧
G01 Z－28. ；	镗孔
N22 G00 X20. ；	快速到达切削点

程　序　内　容	程　序　说　明
G00 Z100.；	快速运动到安全点
X100.；	
M05；	主轴停
M09；	冷却液关
M00；	程序暂停
N2；	第 2 程序段号
G99 M03 S1200 T0505；	选 5 号刀，主轴正转，转速 1 000 r/min
G00 X100. Z100.；	快速运动到安全点
X20. Z2.；	快速运动到循环点
M08；	冷却液开
G70 P11 Q22 F0.05；	精加工镗孔复合循环
G00 Z100.；	快速运动到安全点
X100.；	
M05；	主轴停
M09；	冷却液关
M30；	程序结束返回程序头

考核评分

序号	项目	技术要求（mm）	评分标准	配分	检测结果	扣分	得分
1	外圆尺寸要求（包含粗糙度 1 分）	$\phi27_{-0.04}^{-0.01}$	超差全扣	10			
		$\phi32_{-0.04}^{-0.01}$	超差全扣	10			
		$\phi50_{-0.03}^{0}$	超差全扣	10			
		$\phi58$	超差全扣	3			
		$\phi28$	超差全扣	3			
2	内孔尺寸要求	$\phi32_{0.04}^{0.01}$	超差全扣	10			
3	长度尺寸要求	22 ± 0.05 67.77 ± 0.05 104 ± 0.1 28 ± 0.05	超差全扣每项 3 分	12			
		10 15	超差全扣每项 2 分	4			
4	外锥	锥度 1：5	不符合要求全扣	6			
5	螺纹	M24	不符合要求全扣	10			
6	槽	5×2	不符合要求全扣	4			
7	同轴度	0.03	不符合要求全扣	6			
8	圆弧	R6、R20、R3	不符合要求全扣每项 1 分	12			
9	全部倒角	C0.5、C1、C2	一处不倒扣 3 分				

课题二　加工实例二

任务引入

如图 6—2—1 和图 6—2—2 所示为工件的零件图和立体图，试编程加工。毛坯尺寸 $\phi60$ mm×70 mm，材料 45 号钢。

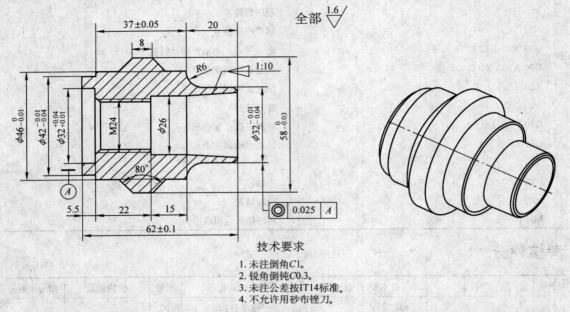

技术要求

1. 未注倒角C1。
2. 锐角倒钝C0.3。
3. 未注公差按IT14标准。
4. 不允许用砂布锉刀。

图 6—2—1　工件零件图　　　　　　　　　图 6—2—2　工件立体图

任务分析

该零件是由中等复杂的加工内容所组成，它有外圆、圆弧、圆锥、内孔、内螺纹、内锥面组成，涉及的工艺和刀具有些复杂，在加工时特别注意零件质量的保证。

任务实施

一、填写加工刀具卡和工艺卡

表 6—2—1　　　　　　　　　　　　　工件刀具工艺卡

零件图号	6—2—1	数控车床加工工艺卡	机床型号	CKA6150
零件名称	件2		机床编号	
刀具表			量具表	
刀具号	刀补号	刀具名称	刀具参数	量具名称	规格（mm/mm）
T01	01	95°外圆端面车刀	C型刀片	游标卡尺 千分尺	0～150/0.02 25～50/0.01 50～75/0.01

续表

刀具号	刀补号	刀具名称	刀具参数	量具名称	规格（mm/mm）
T02	02	93°外圆精车刀	D型刀片	千分尺	0～150/0.02 25～50/0.01 50～75/0.01
T03	03	内螺纹刀		螺纹塞规	M24
T04	04	91°镗孔车刀	T型刀片	内径表	0.01
T08	08	钻头 φ20		游标卡尺	0～150/0.02

工序	工艺内容	切削用量			加工性质
		S（r/min）	F（mm/r）	a_p（mm）	
数控车	车外圆、端面完成工艺台	800	0.2～0.3	2	自动
	钻孔	300	0.2～0.3	10	自动或手动
数控车	调头车端面确定基准	1 000	0.05～0.1	0.5～1.5	自动
	车外圆、倒角	1 200	0.05～0.1	0.5	自动
	车内螺纹	800			自动
数控车	调头软爪夹 φ50 外圆 车端面	1 000	0.1～0.2	0.5～1.5	自动
	车外轮廓倒角符合技术要求	1 200	0.1～0.2	0.5～2	自动
	镗锥孔至尺寸	1 200	0.05～0.1	0.3～1.5	自动

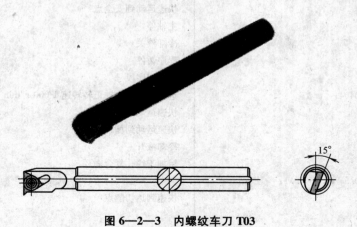

图6—2—3　内螺纹车刀 T03

二、编写数控加工程序

表 6—2—2　　　　　　　　　　　车削工件的程序

程 序 内 容	程 序 说 明
O0001;	主程序
N1;	程序段号
G99 M03 S1000 T0101;	选 1 号刀，主轴正转 1 000 r/min
G00 X100. Z100;	快速运动到安全点
X62. Z2. ;	刀具快速到循环点
M08;	冷却液开
G94 X0. 0 Z0. 0 F0. 1;	端面循环
G71 U2. R0. 5. ;	外圆粗加工复合循环
G71 P11 Q22 U0. 5 W0. 05 F0. 1;	
N11 G00 G42 X40. ;	循环加工起始面程序，刀具右补偿
X42. Z−1. ;	倒角
W−5. 5;	车外圆
X46. ;	车端圆
W−9. 5;	车外圆
X58. W−5. ;	车锥面
N22 G00 G40 X62. ;	循环加工终点段程序，取消刀具补偿
G00 X100. Z100. ;	快速运动到安全点
M05;	主轴停
M09;	冷却液关
M00;	程序暂停
N2;	第 2 程序段
G99 M03 S1500 T0202;	换精加工 2 号刀具　转速 1 500 r/min
G00 X100. Z100. ;	快速运动到安全点
X62. Z2. ;	刀具快速到循环点
M08;	冷却液开
G70 P11 Q22 F0. 05;	精加工循环
G00 X100. Z100. ;	快速运动到安全点
M05;	主轴停
M09;	冷却液关
M00;	程序暂停
N3;	第 3 程序段号
G99 M03 S1000 T0404;	选 4 号刀，主轴正转转速 1 000 r/min
G00 X100. Z100. ;	快速运动到安全点
X17. Z2. ;	快速运动到循环点
M08;	冷却液开
G71 U1. 5 R0. 5;	粗加工镗孔复合循环
G71 P33 Q44 U−0. 5 W0. 05 F0. 1;	
N33 G00 X34. ;	快速到达切削点
G01 Z0. ;	
X32. Z−1;	倒角

程 序 内 容	程 序 说 明
W−5.5;	镗孔
X25.;	车端面
X21.W−2.;	倒角
W−22.;	镗孔
N44 G00 X17.;	快速返回切削点
G00 Z100.;	快速运动到安全点
X100.;	
M05;	主轴停
M09;	冷却液关
M00;	程序暂停
N4;	第 4 程序段号
G99 M03 S1200 T0404;	精加工,主轴正转,转速 1 200 r/min
G00 X100.Z100;	快速运动到安全点
X17.Z2.;	快速运动到循环点
M08;	冷却液开
G70 P33 Q44 F0.05;	精加工镗孔复合循环
G00 Z100.;	快速运动到安全点
X100.;	
M05;	主轴停
M09;	冷却液关
M00;	程序暂停
N5;	第 5 程序段号
G99 M03 S800 T0303;	选 3 号刀,主轴正转,转速 800 r/min
G00 X100.Z100.;	快速运动到安全点
X20.Z3.;	快速到达切削点
M08;	冷却液开
G76 P020060 Q50 R0.05;	螺纹复合循环
G76 X24.Z−28.P1950 Q300 F3.;	
G00 X100.Z100.;	快速运动到安全点
M05;	主轴停
M09;	冷却液关
M30;	程序结束返回程序头
O0002;	调头加工主程序名
N1;	程序段号
G99 M03 S1000 T0101;	选 1 号刀,主轴正转 1 000 r/min
G00 X100.Z100.;	快速运动到安全点
X62.Z2.;	刀具快速到循环点
M08;	冷却开
G94 X0.0 Z0.0 F0.1;	端面循环
G71 U2.R0.5;	外圆粗加工循环循环
G71 P11 Q22 U0.5 W0.05 F0.1;	
N11 G00 G42 X30.;	循环加工起始段程序,刀具右补偿

161

续表

程 序 内 容	程 序 说 明
X32. Z—1. ;	倒角
Z—14. ;	车外圆
G02 X42. W—6. R6. ;	车圆弧
G01 X46. ;	车端面
W—9. 5;	车外圆
X58. W—5;	车锥面
W—10. ;	车外圆
N22 G00 G40 X62. ;	循环加工终点段程序，取消刀具补偿
G00 X100. Z100. ;	快速运动到安全点
M05;	主轴停
M09;	冷却液关
M00;	程序暂停
N2;	第 2 程序段
G99 M03 S1500 T0202;	换精加工 2 号刀具 转速 1 500 r/min
G00 X100. Z100. ;	快速运动到安全点
X62. Z2. ;	刀具快速到循环点
M08;	冷却液开
G70 P11 Q22 F0. 05;	精加工循环
G0 X100. Z100. ;	快速运动到安全点
M05;	主轴停
M09;	冷却液关
M00;	程序暂停
N3;	第 3 程序段号
G99 M03 S1000 T0404;	选 4 号刀，主轴正转，1 000 r/min
G00 X100. Z100. ;	快速运动到安全点
X17. Z2. ;	快速运动到循环点
M08;	冷却液开
G71 U1. 5 R0. 5;	粗加工镗孔复合循环
G71 P33 Q44 U—0. 5 W0. 05 F0. 1;	
N33 G00 G41 X27. 95;	快速到达切削点，刀具半径左补偿
G01 Z0. ;	
X26. W—19. 5;	车内锥
W—15. ;	镗孔
N44 G00 G40 X17. ;	快速返回切削点，取消刀具补偿
G00 Z100. ;	快速运动到安全点
X100. ;	
M05;	主轴停
M09;	冷却液关
M00;	程序暂停
N4;	第 4 程序段号
G99 M03 S1200 T0404;	精加工，主轴正转，转速 200 r/min
G00 X100. Z100. ;	快速运动到安全点

程 序 内 容	程 序 说 明
X17. Z2. ；	快速动动到循环点
M08；	冷却液开
G70 P33 Q44 F0.05；	精加工镗孔复合循环
G00 Z100.；	快速动动到安全点
X100.；	
M05；	主轴停
M09；	冷却液关
M30；	程序结束返回程序头

评分标准

序号	项目	技术要求（mm）	评分标准	配分	检测结果	扣分	得分
1	外圆尺寸要求（包含粗糙度）	$\phi32^{-0.01}_{-0.04}$	超差全扣	12			
		$\phi42^{-0.01}_{-0.04}$	超差全扣	12			
		$\phi46^{0}_{-0.05}$	超差全扣	12			
		$\phi58^{0}_{-0.03}$	超差全扣	12			
2	内孔尺寸要求	$\phi26$	超差全扣	2			
		$\phi32^{+0.04}_{+0.01}$	超差全扣	12			
3	长度尺寸要求	37±0.05 62±0.1	不合要求全扣 每项4分	8			
		5.5 22 15	不合要求全扣 每项1分	3			
4	锥度	锥度1∶10	不合要求全扣	4			
		80°凸锥	不合要求全扣	4			
5	螺纹	M24	不合要求全扣	12			
6	同轴度	0.025	不合要求全扣	4			
7	圆弧	R6	不合要求全扣	3			
8	全部倒角	C0.5；C1； 内倒角C2	一处不倒扣3分				

课题三 加工实例三

任务引入

试编程加工如图6—3—1和图6—3—2所示零件。毛坯尺寸$\phi60$ mm×60 mm，材料45号钢。

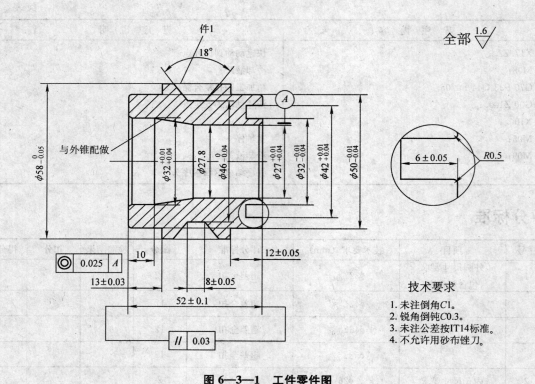

图 6—3—1　工件零件图

任务分析

　　该零件除具备常见零件的外圆、内孔、内锥面加工外，还有难加工的梯形槽和端面槽两部分的加工内容，同时在此工件上还有两部分的形位公差的要求，加工时尺寸精度和形位精度较难掌握。

任务实施

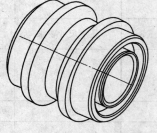

图 6—3—2　工件零件图

一、填写数控加工刀具和工艺卡片

表 6—3—1　　　　　　　　　　　　工件刀具工艺卡

零件图号	6—3—1	数控车床加工工艺卡		机床型号	CKA6150
零件名称	件 3			机床编号	
刀具表				量具表	
刀具号	刀补号	刀具名称	刀具参数	量具名称	规格（mm/mm）
T01	01	95°外圆端面车刀	C 型刀片	游标卡尺 千分尺	0～150/0.02 50～75/0.01

164

刀具号	刀补号	刀具名称	刀具参数	量具名称	规格（mm/mm）
T02	02	93°外圆精车刀	D型刀片	千分尺	0～150/0.02 50～75/0.01
T03	03	切槽刀		游标卡尺 千分尺	0～150/0.02 50～75/0.01
T04	04	91镗孔车刀	T型刀片	内径表	0.01
T05	05	端面槽刀		游标卡尺 千分尺	0～150/0.02 25～50/0.01
T08	08	钻头 $\phi25$		游标卡尺	0～150/0.02

工序	工 艺 内 容	切削用量			加工性质
		S（r/min）	F（mm/r）	α_p（mm）	
数控车	车外圆、端面完成工艺台	800	0.2～0.3	2	自动
	钻孔	300	0.2～0.3	12.5	自动或手动
数控车	调头车端面确定基准	1 000	0.05～0.1	0.5～1.5	自动
	车外圆、倒角	1 200	0.05～0.1	0.5	自动
	切槽	800	0.05～0.1	3	自动
	镗锥孔、镗孔至尺寸	1 200	0.05～0.1	0.3	自动
数控车	调头软爪夹 $\phi50$ 外圆，车端面	1 000	0.1～0.2	0.5～1.5	自动
	车外轮廓倒角符合技术要求	1 200	0.1～0.2	0.5～2	自动
	切端面槽	600	0.05～0.1	3	自动

二、编写数控加工程序

表 6—3—2　　　　　　　　　工件加工程序

程 序 内 容	程 序 说 明
O0001；	主程序
N1；	程序段号
G99 M03 S1000 T0101；	选1号刀，主轴正转 1 000 r/min
G00 X100. Z100.；	快速运动到安全点
X62. Z2.；	刀具快速到循环点
G94 X0.0 Z0.0 F0.1；	冷却液开
M08；	端面循环
G71 U2. R0.5；	外圆粗加工循环循环
G71 P11 Q22 U0.5 W0.05 F0.2；	
N11 G00 X48；	循环加工起始段程序
G01 Z0.；	倒角起点
X50. Z-1.；	车倒角

程 序 内 容	程 序 说 明
Z−12. ;	车外圆
X58. C0. 3 ;	车端面，倒角
W−30. ;	车外圆
N22 G00 X62 ;	循环加工终止段程序
G00 X100. Z100. ;	快速运动到安全点
M05 ;	主轴停
M09 ;	冷却液关
M00 ;	程序暂停
N2 ;	第 2 程序段
G99 M03 S1200 T0202 ;	换精加工 2 号刀具 转速 1 200 r/min
G00 X100. Z100. ;	快速运动到安全点
X62. Z2. ;	刀具快速到循环点
M08 ;	冷却液开
G70 P11 Q22 F0. 1 ;	精加工循环
G00 X100. Z100. ;	快速运动到安全点
M05 ;	主轴停
M09 ;	冷却液关
M30 ;	程序结束返回程序头
O0002 ;	镗孔程序
N1 ;	第 1 程序段号
G99 M03 S1000 T0404 ;	选 4 号刀，主轴正转，转速 1 000 r/min
G00 X100. Z100. ;	快速运动到安全点
X22. Z2. ;	快速运动到循环点
M08 ;	冷却液开
F71 U1. 5 R0. 5 ;	粗加工镗孔复合循环
G71 P11 Q22 U−0. 5 W0. 05 F0. 1 ;	
N11 G00 X29. ;	快速到达切削点，刀具半径左补偿
G01 Z0. ;	
X27. Z−1. ;	车倒角
Z−27. ;	镗孔
N22 G00 X22. ;	快速返回切削点，取消刀具补偿
G00 Z100. ;	快速运动到安全点
X100. ;	
M05 ;	主轴停
M09 ;	冷却液关
M00 ;	程序暂停
N2 ;	第 2 程序段号
G99 M03 S1200 T0404 ;	精加工，主轴正转，转速 1 200 r/min
G00 100. Z100. ;	快速运动到安全点
X22. Z2. ;	快速动动到循环点
G70 P11 Q22 F0. 05 ;	冷却液开
G00 Z100. ;	精加工镗孔复合循环

程 序 内 容	程 序 说 明
X100.；	快速运动到安全点
M05；	主轴停
M09；	冷却液关
M30；	程序结束返回程序头
O0003；	切梯形槽程序
G99 M03 S800 T0303；	选 3 号刀，主轴正转，转速 800 r/min
G00 X100. Z100.；	快速运动到安全点
X62. Z2.；	快速运动到循环点
M08；	冷却液开
Z−29.5；	快速移动
G01 X46.2 F0.06；	切槽
G00 X60.；	退刀
W4.；	
G01 X46；	
W−4.；	
G00 X58.；	
W−4.；	
G01 X58.；	
X46. W4.；	切梯形槽侧面
G00 X62.；	
W−4.5；	
G01 X58.；	
X46. W4.5；	
G00 X62.；	
W8.；	
G00 X58.；	
X46. W−4.；	
G00 X62.；	
W4.5；	
G01 X58.；	
X46. W−4.5；	
G00 X62.；	
G00 X100.；	快速运动到安全点
Z100.；	
M05；	主轴停
M09；	冷却液关
M30；	程序结束返回程序头
O0004	车端面槽程序
N1；	第 2 程序段号
G99 M03 S800 T0505；	选 5 号刀，主轴正转，转速 800 r/min
G00 X100. Z100.；	快速运动到安全点
X36.5 Z2.；	快速运动到循环点

程 序 内 容	程 序 说 明
M08；	冷却液开
G74 R0.5；	端面切槽循环
G74 X37.5. Z－5.6 P2000 Q2000 F0.06；	
G01 X35.5；	
Z0.；	
G03 X36. W－0.5 R0.5；	倒圆弧角
G01 Z－6.；	精加工槽侧面
X37.5.；	
G00 Z2.；	
X38.5；	
G01 Z0.；	
G02 X38. Z－0.5 R0.5；	倒圆弧角
G01 Z－6.；	精加工槽侧面
G00 Z100.；	快速运动到安全点
X100.；	
M05；	主轴停
M09；	冷却液关
M30；	程序结速返回程序头
00005；	调头程序
N1；	程序段号
G99 M03 S1000 T0101；	选1号刀，主轴正转转速 1 000 r/min
G00 X100. Z100.；	快速运动到安全点
X62. Z2.；	刀具快速到循环点
M08；	冷却液开
G94 X0.0 Z0.0 F0.1；	端面循环
G71 U2. R 0.5；	外圆粗加工循环循环
G71 P11 Q22 U0.5 W0.05 F0.1；	
N11 G00 X48.；	循环加工起始段程序
G01 Z0.；	倒角起点
X50. Z－1.；	车倒角
Z－13.；	车外圆
X58. C0.3；	车端面，倒角
N22 G00 X62.；	循环加工终止段程序
G00 X100. Z100.；	快速运动到安全点
M05；	主轴停
M09；	冷却液关
M00；	程序暂停
N2；	第2程序段
G99 M03 S1200 T0202；	换精加工2号刀具 转速 1 200 r/min
G00 X100. Z100.；	快速运动到安全点
X62. Z2.；	刀具快速到循环点
M08；	冷却液开

程 序 内 容	程 序 说 明
G70 P11 Q22 F0.06;	精加工循环
G00 X100. Z100.;	快速运动到安全点
M05;	主轴停
M09;	冷却液关
M00;	程序结束返回程序头
N3;	第3程序段号，镗孔程序
G99 M03 S1000 T0404;	选4号刀，主轴正转，转速1 000 r/min
G00 X100. Z100.;	快速运动到安全点
X22. Z2.;	快速运动到循环点
M08;	冷却液开
G71 U1.5 R0.5;	粗加工镗孔复合循环
G71 P33 Q44 U－0.5 W0.05 F0.1;	
N33 G00 G41 X34.;	快速到达切削点，刀具半径左补偿
G01 Z0.;	
X34.;	
X32. Z－1.;	车倒角
Z－10.;	镗孔
X31.;	
X27.8 Z－15.;	镗锥孔
N44 G00 G40 X22.;	快速返回切削点，取消刀具补偿
G00 Z100.;	快速运动到安全点
X100.;	
M05;	主轴停
M09;	冷却液关
M00;	程序暂停
N4;	第4程序段号
G99 M93 S1200 T0404;	精加工，主轴正转，转速1 200 r/min
G00 X100. Z100.;	快速运动到安全点
X22. Z2.;	快速运动到循环点
M08;	冷却液开
G70 P33 Q44 F0.06;	精加工镗孔复合循环
G00 Z100.;	快速运动到安全点
X100.;	
M05;	主轴停
M09;	冷却液关
M30;	程序结束返回程序头

考核评分

序号	项目	技术要求（mm）	评分标准	配分	检测结果	扣分	得分
1	外圆尺寸要求 （包含粗糙度）	$\phi32^{-0.01}_{-0.04}$	超差全扣	10			
		$\phi46^{0}_{-0.03}$	超差全扣	10			
		$\phi50^{0}_{-0.02}$	超差全扣	10			
		$\phi58^{0}_{-0.03}$	超差全扣	10			
2	内孔尺寸要求	$\phi27^{+0.04}_{+0.01}$	超差全扣	10			
		$\phi27.8$		2			
		$\phi32^{+0.04}_{+0.01}$	超差全扣	10			
		$\phi42^{+0.04}_{+0.01}$		10			
3	长度尺寸要求	12 ± 0.05 6 ± 0.05 13 ± 0.03 52 ± 0.1	超差每项扣1分	12			
		10		2			
4	内锥	锥度 1:5	不合要求全扣	3			
5	槽	角度 80°	不合要求全扣	3			
6	同轴度	0.025	不合要求全扣	4			
7	平行度	0.03	不合要求全扣	4			
8	全部倒角	$R0.5$；$C1$；	一处不倒扣 0.5 分				

自动编程

课题一　自动编程软件的使用

学习目标

◆ 掌握 CAXA 数控车 XP 版自动编程软件的使用；
◆ 为加工零件编写加工工艺；
◆ 根据编写的加工工艺，合理的填写加工参数；
◆ 根据数控系统选择机床类型生成加工代码。

任务引入

　　毛坯已加工成 φ50 mm×70 mm 尺寸，材料为 45 号钢。试分析加工工艺，用计算机自动编程加工如图 7—1—1 所示轴类零件。

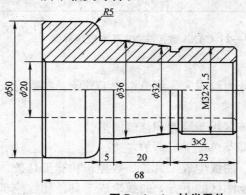

技术要求
未注倒角 C1。

图 7—1—1　轴类零件

任务分析

计算机自动编程是利用 CAM 软件自动生成零件的数控加工程序。然后再直接将程序传送给数控机床，从而实现零件的自动加工。

常用的软件有很多种，在本任务的加工中，我们使用 CAXA 数控车 XP 版。

相关知识

一、CAXA 数控车 XP 版软件的界面

CAXA 数控车 XP 版基本应用界面如图 7—1—2 所示。该软件操作环境与其他 Window 风格软件一样。各种应用功能通过下拉菜单栏和工具条加以驱动。下方状态栏指导用户进行操作并且提示当前操作所处位置及状态，绘图区域显示当前操作及已操作完成的效果。绘图区域和参数栏为用户操作使用提供了各种功能的交互。该软件系统可以实现自定义界面布局，方便于个人习惯。工具条中每个图标都对应一个菜单命令。单击图标和单击菜单命令时效果是一样的。

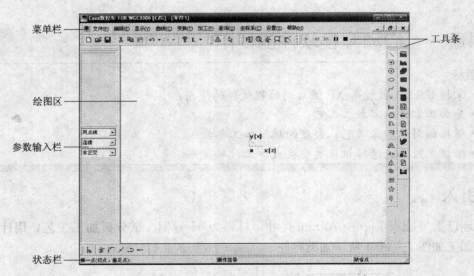

图 7—1—2　CAXA 数控车 XP 基本应用界面

1. 窗口布置

CAXA 数控车 XP 工作窗口分为绘图区、菜单栏、工具条、参数输入栏（进入相应功能后出现）、状态栏五个部分。

屏幕最大的部分是绘图区，该区用于绘制和修改图形。

菜单栏位于屏幕的顶部。立即菜单位于屏幕的左边。

工具条分为曲线编辑工具条、曲线生成工具条、数控车功能工具条、标准工具条和显示工具条等。曲线编辑工具条位于绘图区的下方，曲线生成工具条和数控车功能工具条位于屏幕的右侧，标准工具条和显示工具条位于菜单栏的下方。

状态栏位于屏幕的底部，指导用户进行操作，并提示当前状态及所出位置。

2. 功能驱动方式

CAXA 数控车采用菜单驱动、工具条驱动和热键驱动相结合的方式，根据用户对 CAXA 数控车运用的熟练程度，用户可以选择不同的驱动方式。

（1）主菜单命令

主菜单包括系统的所有功能项，以下根据功能的不同类别进行的基本分类：

◆ 文件模块　对其系统的文件进行管理。

包含内容：新建、打开、关闭、（关闭当前的文件）、保存、另存为、数据输入、数据输出和退出等。

◆ 编辑模块　对已有的对象进行编辑。

包含内容：撤销、恢复、剪切、复制、粘贴、删除、元素不可见、元素可见、元素颜色修改和元素层修改等。

◆ 应用模块　在屏幕上绘制图形和设置刀具路径，该模块是最重要的模块。

包含内容：各种曲线生成、线面编辑、后置处理、轨迹生成和几何变换等。

曲线生成包括：直线、圆、圆弧、样条、点、公式曲线、多边形、二次曲线、椭圆和等距线等。

轨迹包括：刀具库管理、平面轮廓加工、平面区域加工、参数线加工、限制线加工、曲面轮廓加工、曲面区域加工、投影加工、曲线加工、粗加工、钻孔、等高线加工和轨迹生成等。

后置处理包括：后置设置、生成 G 代码和校核 G 代码。

线面编辑包括：曲线裁剪、曲线过渡、曲线打断、曲线组合和曲线拉伸等。

几何变换包括：平移、平面旋转、旋转、平面镜像、镜像、阵列和缩放等。

◆ 设置模块　用来设置当前工作状态、拾取状态和用户界面的布局。

包含内容：当前颜色、层设置、拾取过滤设置、系统设置、绘制草图、曲面真实感、特征窗口和自定义。

◆ 工具模块　坐标系、显示工具和查询。

包含内容：坐标系、查询、点工具、矢量工具、选择集拾取工具等功能组。

（2）弹出菜单

CAXA 数控车 XP 通过空格键弹出菜单作为当前命令状态下的子命令。不同的命令执行状态可能有不同的子命令组，主要分为点工具组、矢量工具组、选择集拾取工具组、轮廓拾取工具组和岛拾取工具组。如果子命令是用来设置某种子状态，该软件会在状态条中显示提示用户。

◆ 点工具　用来确定当前选取点的方式。

包含内容：缺省点、屏幕点、端点、中点、交点、圆心、垂足点、切点、最近点、控制点、刀位点和存在点等。

◆ 矢量工具　用来确定矢量选取方向。

包含内容：直线方向、X 轴正方向、X 轴负方向、Y 轴正方向、Y 轴负方向、Z 轴正方向、Z 轴负方向和端点切矢等。

◆ 选择集拾取工具　用来确定拾取集合的方式。

包含内容：拾取添加、拾取所有、拾取取消、取消尾项和取消所有等。

◆ 轮廓拾取工具　用来确定轮廓的拾取方式。

包含内容：单个拾取、链拾取和限制链拾取等。

◆ 岛拾取工具　用来确定岛的拾取方式。

包含内容：单个拾取、链拾取和限制链拾取等。

（3）工具条

CAXA 数控车为比较熟练的用户提供了工具条命令驱动方式。他把用户经常用的功能分类组成工具组，放在显著的地方以方便用户使用。用户也可根据个人经常使用的功能编辑成组，放在最佳位置。缺省提供的工具条如图 7—1—3 所示。

（4）键盘、鼠标及热键

◆ 回车键和数值键

在 CAXA 数控车 XP 中，在系统要求输入点时，回车键（ENTER）和数值键可以激活一个坐标输入条，在输入条中可以输入坐标值。如果坐标值以@开始，表示相对于前一个输入点的相对坐标，在某些情况也可以输入字符串。

◆ 空格键

在系统要求输入点时，按空格键可以弹出点工具菜单。

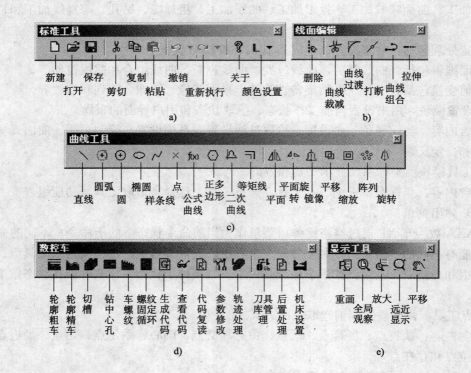

图 7—1—3　CAXA 数控车 XP 工具条

a）标准工具　b）线面编辑　c）曲线　d）数控车功能　e）显示工具

3. 热键

CAXA 数控车 XP 为用户提供热键操作,对于一个熟练的 CAXA 数控车用户,热键将极大地提高了工作效率,用户还可以自定义想要的热键。

CAXA 数控车中设置了以下几种功能热键:

F5 键 将当前面切换至 XOY 面,同时将显示平面置为 XOY 面,将图形投影到 XOY 面内进行显示。

F6 键 将当前面切换至 YOZ 面,同时将显示平面置为 YOZ 面,将图形投影到 YOZ 面内进行显示。

F7 键 将当前面切换至 XOZ 面,同时将显示平面置为 XOZ 面,将图形投影到 XOZ 面内进行显示。

F8 键 显示轴测图,按轴测图方式显示图形。

F9 键 切换当前面,将当前面在 XOY、YOZ、ZOX 之间进行切换,但不改变显示平面。

方向键(←、↑、→、↓) 显示旋转。

Ctrl+方向键(←、↑、→、↓) 显示平移。

Shift+↑ 显示放大。

Shift+↓ 显示缩小。

二、CAXA 数控车 XP 软件的绘图

CAXA 数控车 XP 软件,具有 CAD 软件的强大绘图功能和完善的外部数据接口,可以绘制任意复杂的二维零件图形,并可对图形进行编辑与修改。也可通过 DXF、IGES 等数据接口与其他系统进行数据交换,下面介绍基本图形的构建。

1. 点

单击曲线生成工具栏的 ✕,即可激活点生成功能,通过切换立即菜单,可以用下面几种方式生成点,见表 7—1—1。

表 7—1—1   生成点的方式

生成点的方式		立即菜单	说 明
单个点	工具点	单个点 工具点	利用点工具菜单生成单个点,此时不能利用切点和垂足点生成单个点
	曲线投影交点	单个点 曲线投影交.	对于两条不相交的空间曲线,如果它们在当前平面的投影有交点,则生成该投影交点,生成的点在被拾取的第一条曲线上
	曲面上投影点	单个点 曲面上投影	对于一个给定位置的点,通过矢量工具菜单给定一个投影方向,可以在曲面上捕捉到一个投影点
	曲线曲面交点	单个点 曲线曲面交. 精度 0.0100	捕捉一条曲线和一张曲面的交点

生成点的方式		立即菜单	说　明
批量点	等分点	批量点　▼ 等分点　▼ 段数　10	在曲线上生成按照弧长等分的点
	等距点	批量点　▼ 等距点　▼ 点数　4 弧长　10.0000	在曲线上生成间隔为给定弧长的点
	等角度点	批量点　▼ 等角度点　▼ 点数　4 角度　15.0000	在圆弧上生成等圆心角间隔的点

2. 直线

单击曲线生成工具图标或从菜单条中，"应用"→"曲线生成"→"直线"，激活直线生成功能。可切换立即菜单，以不同的方法生成直线，见表7—1—2。

表7—1—2　　　　　　　　　　　　　生成直线的方式

生成点的方式		立即菜单	实　例	说　明
两点线	非连续方式画线	两点线　▼ 单个　▼ 非正交　▼	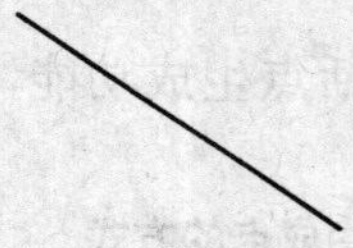	利用点工具菜单中切点和垂足点生成切线和垂线
	连续方式画线	两点线　▼ 连续　▼ 非正交　▼	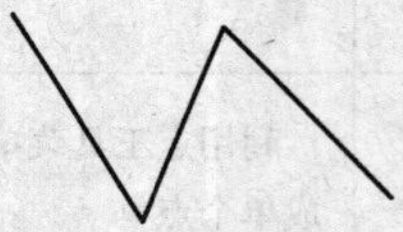	
平行线	过点	平行线　▼ 过点　▼	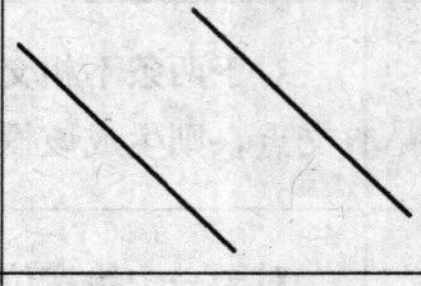	根据状态栏提示，先选直线再选点
	距离	平行线　▼ 距离　▼ 距离= 20.0000 条数=　1	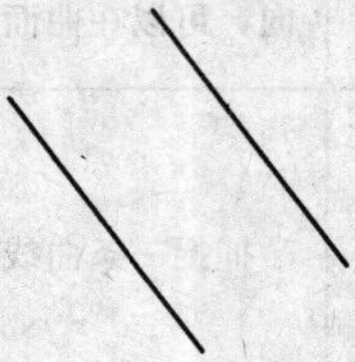	在立即菜单中输入直线与已知直线的距离

生成点的方式	立即菜单	实 例	说 明
角度线	角度线 X轴夹角 角度= 45.0000	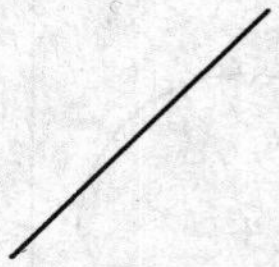	作与已知直线或 X 轴或 Y 轴成一定角度的直线
曲线切线/法线	切线/法线 切线 长度= 100.0000		作已知曲线的切线或法线
角等分线	角等分线 份数= 2 长度= 100.0000	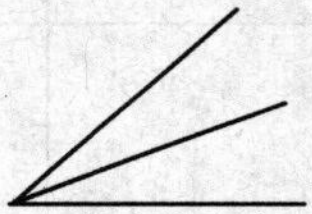	作已知角度的任意等分线
水平/铅垂线	水平/铅垂线 水平 长度= 100.0000	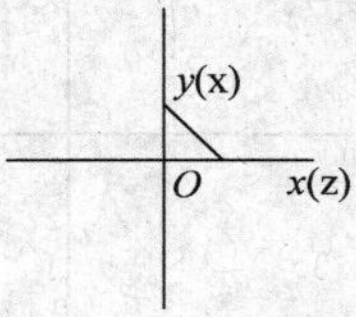 $y(x)$ O　$x(z)$	绘制水平线或铅垂线

3. 圆弧

CAXA 数控车 XP 软件中，绘制圆弧可以单击曲线生成工具栏图标，或从菜单中选择"应用"→"曲线生成"→"圆弧"，激活圆弧生成功能。通过切换立即菜单，可以采用不同方式生成圆弧，见表 7—1—3。

表 7—1—3　　　　　　　　　　　　生成圆弧的方式

生成圆弧的方式	立即菜单	实 例	说 明
三点圆弧	三点圆弧	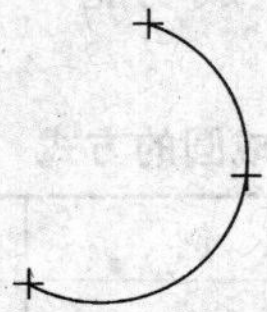	通过给定三点生成一个圆弧
圆心＋起点＋圆心角	圆心_起点_	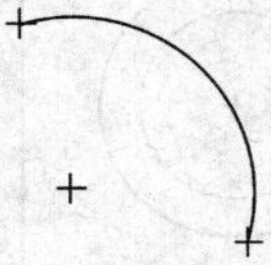	通过给定圆心、起点坐标和圆心角生成一个圆弧

续表

生成圆弧的方式	立即菜单	实 例	说 明
圆心＋半径＋起始角	圆心_半径_j ▼ 起始角＝ 0.0000 终止角＝ 180.0000	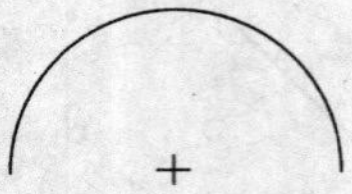	在立即菜单中输入起始角、终止角的角度，然后确定圆心和半径
两点＋半径	两点_半径 ▼	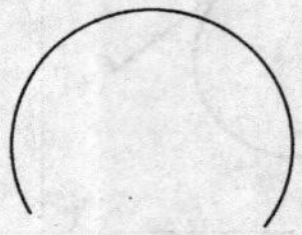	确定两点后，输入一个半径或通过给定圆上一点定义圆弧
起点＋终点＋圆心角	起点_终点_l ▼ 圆心角＝ 60.0000	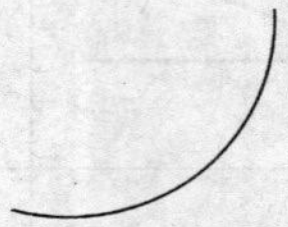	首先在立即菜单中输入圆心角，然后确定起点和终点
起点＋半径＋起始角	起点_半径_j ▼ 半径＝ 30.0000 起始角＝ 0.0000 终止角＝ 60.0000	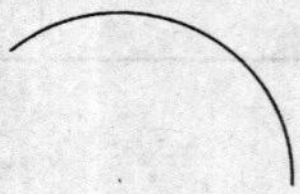	首先在立即菜单中输入半径、起始角、终止角，然后确定圆弧的起点

4. 圆

在 CAXA 数控车中有三种生成圆的方法。单击曲线生成工具图标或从菜单条中选择"应用"→"曲线生成"→"圆"，激活圆生成功能，通过切换立即菜单，可采用不同的方式生成圆，见表 7—1—4。

表 7—1—4 生成圆的方式

生成圆的方式	立即菜单	实 例	说 明
圆心＋半径	圆心_半径 ▼	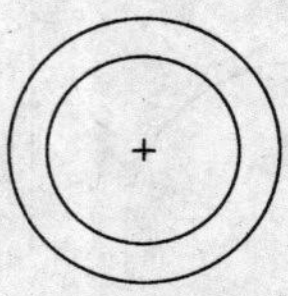	根据状态栏题提示确定圆心，然后输入圆上一点或半径来确定圆

生成圆的方式	立即菜单	实 例	说 明
三点	三点 ▼		按顺序依次给定三点来定义一个圆
两点＋半径	两点_半径 ▼		根据状态栏题是先确定前两点，然后输入圆上一点或半径来确定

任务实施

一、零件的工艺分析

该零件形状结构比较简单，由外圆柱面、圆锥面、圆弧、螺纹等构成，其中直径尺寸与轴向尺寸没有尺寸精度和表面粗糙度的要求。零件材料为 45 号钢，切削加工性能较好，没有热处理和硬度要求。

通过上述分析，可以采用以下几点工艺措施：

◆ 零件图没有公差和表面粗糙度的要求，可完全看成是理想化的状态，在安排工艺时不考虑零件的粗、精加工，故零件建模的时候就直接按照零件图上的尺寸建模即可。

◆ 工件右端面为轴向尺寸的设计基准，相应工序加工前，用手动方式先将右端面车削完成。

◆ 采用一次装夹完成工件的全部加工。

1. 确定加工机床

选择经济型的四刀位数控车床 CKA6150，采用三爪自动定心卡盘对工件进行定位夹紧。

2. 确定加工顺序及走刀路线

加工顺序按照由内到外、由粗到精、由近到远的原则确定，在一次加工中尽可能地加工出较多的表面。外轮廓表面车削走刀路线可沿着零件轮廓顺序进行。

3. 选择刀具

根据零件的形状和加工要求选择刀具，如下表 7—1—5。

表 7—1—5　　　　　　　　　　　选择的刀具

产品名称或代号	×××		零件名称	典型轴	零件图号	×××
序号	刀具号	刀具规格名称	数量	加工表面	刀尖半径（mm）	备注
1	T01	93°硬质合金车刀	1	车外轮廓	0.4	右 20×20
2	T02	60°螺纹车刀	1	车 M30×1.5 mm 螺纹		20×20
3	T03	3 mm 切槽车刀	1	切槽	0.2	20×20

4. 切削用量的选择

切削用量一般根据毛坯的材料、主轴转速、进给速度、刀具的钢度等因素选择。

5. 数控加工工艺卡

将前面分析的各项内容综合成数控加工工艺卡，在这里就不做详细的介绍了。

二、零件加工建模

1. 绘制零件图

（1）进入 CAXA

双击桌面上的"数控车"图标进入 CAXA 数控车 XP 的操作界面。

（2）绘制零件图

绘制图 7—1—1 所示零件图。（具体步骤同 CAXA 绘图，此处省略）

2. 生成刀位轨迹

刀具参数设置

单击主菜单栏中"应用"→"数控车"→"刀具库管理"菜单项，或单击数控车工具栏图标，系统弹出"刀具库管理"对话框，如图 7—1—4 所示。CAXA 数控车 XP 提供轮廓车刀、切槽刀具、钻孔刀具和螺纹车刀 4 种类型的刀具管理功能。

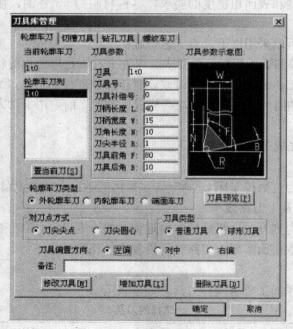

图 7—1—4　刀具管理界面

◆ 增加 T01 号 93°硬质合金车刀和 T02 号 93°内孔车刀。单击刀具库管理中"轮廓车刀"→"增加刀具"，出现如图 7—1—5 所示的对话框。在轮廓车刀类型中选"外轮廓车刀"，填写刀具参数然后确定，完成 T01 号车刀的增加。同样方法，在外轮廓车刀类型中选"内轮廓车刀"，完成 T02 号车刀的增加，各项参数如图 7—1—6 所示。

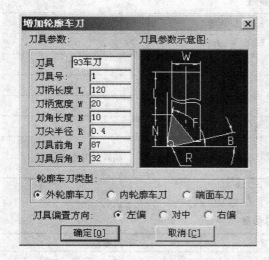

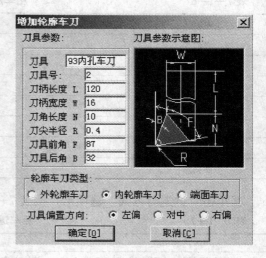

图 7—1—5　增加 93°硬质合金车刀　　　　　图 7—1—6　增加 93°内孔车刀

◆ 增加 T03 号 3 mm 硬质合金切槽车刀。单击刀具库管理中"切槽刀具"，单击"增加刀具"按钮，出现如图 7—1—7 所示对话框，填写刀具参数然后确定。

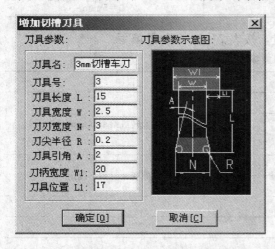

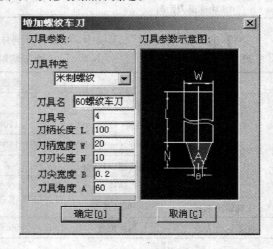

图 7—1—7　增加 3 mm 硬质合金切槽车刀　　　图 7—1—8　增加 60°螺纹车刀

◆ 增加 T04 号 60°螺纹车刀。单击刀具库管理中"螺纹车刀"，单击"增加刀具"按钮，出现如图 7—1—8 所示对话框，填入刀具参数然后确定。

3. 生成零件的加工轨迹

（1）生成车外圆的粗、精加工轨迹。

1）轮廓建模　将绘制的零件图调入。

2）填写粗车参数表　单击主菜单中"应用"→"数控车"→"轮廓粗车"菜单项，或单击数控车工具栏的 ▤ 图标，系统弹出"粗车参数表"对话框，然后分别填写参数表。

①单击"加工参数"选项卡，按表 7—1—6 参数填写。

表 7—1—6 粗车加工参数

内容	选项及参数	内容	选项及参数
加工表面类型	外轮廓	干涉后角	10°
加工方式	行切方式	拐角过渡方式	尖角
加工精度	0.1 mm	反向走刀	否
加工余量	0.3 mm	详细干涉检查	是
加工角度	180°	退刀时沿轮廓走刀	否
切削行距	1.5 mm	刀尖半径补偿	编程时考虑半径补偿
干涉前角	0		

②单击"进退刀方式"选项卡，按表 7—1—7 参数填写。

表 7—1—7 粗车进退刀参数

内容	选项	参数
每行相对毛坯进刀方式	与加工表面成定角	长度 $L=2$ mm，角度 $A=45°$
每行相对加工表面进刀方式	与加工表面成定角	长度 $L=2$ mm，角度 $A=45°$
每行相对毛坯退刀方式	垂直	
每行相对加工表面退刀方式	垂直	
块速退刀距离		$L=5$ mm

③单击"切削用量"选项卡，选择切削用量，按表 7—1—8 参数填写。

表 7—1—8 粗车切削用量参数

内容	选项	参数	说明
速度设定	接近速度（mm/min）	100	单位可为旋转进给率（mm/r）
	退刀速度（mm/min）	100	
	进刀量（mm/min）	150	
	主轴转速（r/min）	800	采用机械变速时刻不设定
	主轴最高转速（r/min）	2 000	
主轴转速选项	恒转速		
样条拟合方式	圆弧拟合	999.9	

④单击"轮廓车刀"选项卡，直接选取刀具库中的"93°车刀"即可，其他按表 7—1—9 所示的参数填写。

表 7—1—9 粗车刀具参数

内　容	选项及参数
刀具名	93°车刀
刀具号	1
刀具补偿号	1
对刀点方式	刀尖圆心
刀具偏置方向	左偏

3）生成粗车加工轨迹　根据状态栏提示"拾取被加工表面轮廓"，按空格弹出工具菜单，系统提供3种拾取方式，如图7—1—9a所示，选"单个拾取"。当拾取第一条轮廓线后，此轮廓线变成红色的虚线，系统给出提示"选择方向"，如图7—1—9b所示，顺序拾取加工轮廓线并单击鼠标右键确定。状态栏提示"拾取定义的毛坯轮廓"，顺序拾取毛坯的轮廓线并单击鼠标右键确定。状态栏提示"输入进退刀点"，按回车键弹出输入对话框，输入"5，35"后再回车，生成如图7—1—9c所示的加工轨迹。

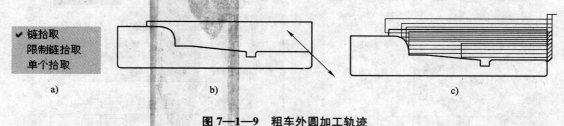

a)　　　　　　　　　　b)　　　　　　　　　　　　　c)

图 7—1—9　粗车外圆加工轨迹

a）选择拾取的方式　b）选择拾取方向　c）生成粗车加工轨迹

4）填写精车参数表　单击主菜单中"加工"→"轮廓精车"菜单项，或单击数控车工具栏的 ▇ 图标，系统弹出"精车参数表"对话框，各项参数如图7—1—10所示。

5）生成精车加工轨迹　根据状态栏提示"拾取被加工表面轮廓"，按方向拾取加工轮廓线并单击鼠标右键确定。状态栏提示"输入进退刀点"，按回车键弹出输入对话框，输入起始点回车，生成如图7—1—11所示加工轨迹。

（2）生成车外沟槽加工轨迹。

1）轮廓建模　如图7—1—12所示为车外沟槽的加工造型。

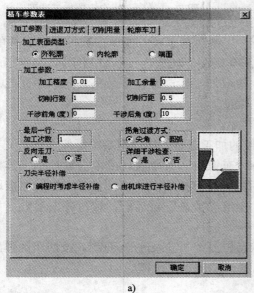

a)

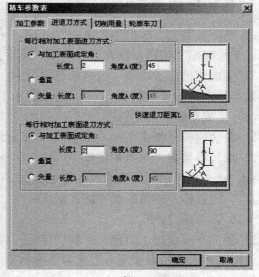

b)

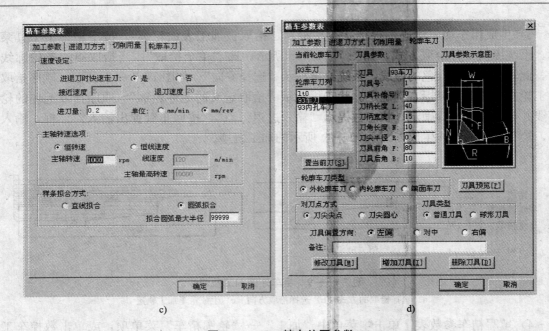

c)   d)

图 7—1—10　精车外圆参数

a）精车加工参数　b）精车进退刀方式　c）精车切削用量　d）精车轮廓车刀

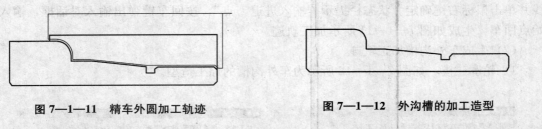

图 7—1—11　精车外圆加工轨迹   **图 7—1—12　外沟槽的加工造型**

2）填写参数表　单击主菜单中"加工"→"切槽"菜单项，或单击数控车工具栏的 █ 图标，系统弹出"切槽参数表"对话框，填写各项参数（如图 7—1—13 所示），并确定。

3）生成切槽加工轨迹　根据状态栏提示，拾取加工轮廓线，按箭头方向顺序完成。输入起始点回车，生成如图 7—1—14 所示的加工轨迹。

（3）生成车螺纹加工轨迹。

1）轮廓建模　如图 7—1—15 所示为车螺纹的加工造型，螺纹两端各延伸 2 mm。

2）填写参数表　单击主菜单中"加工"→"车螺纹"菜单项，或单击数控车工具栏的 █ 图标，状态栏提示"拾取螺纹的起始点"，用鼠标左键拾取点"1"；状态栏提示"拾取螺纹终点"，用鼠标左键拾取点"2"。系统弹出"螺纹参数表"对话框，填写各项参数（如图 7—1—16），并确定。

3）生成车螺纹加工轨迹　上步确定后，状态栏提示"输入进退刀点"，按回车键弹出输入对话框，输入起始点回车，生成如图所示 7—1—17 的加工轨迹。

（4）生成车内孔加工轨迹。

1）轮廓建模　如图 7—1—18 所示为车内孔的加工造型。

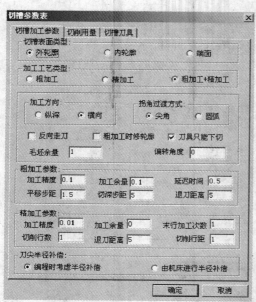
a)

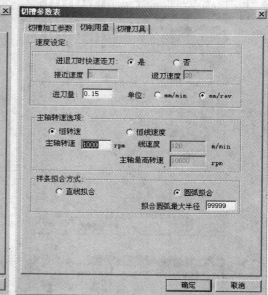
b)

c)

图 7—1—13　切槽参数表
a）切槽加工参数　b）切槽切削用量　c）切槽刀具

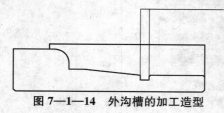

图 7—1—14　外沟槽的加工造型

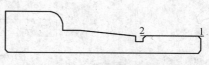

图 7—1—15　车螺纹加工造型

185

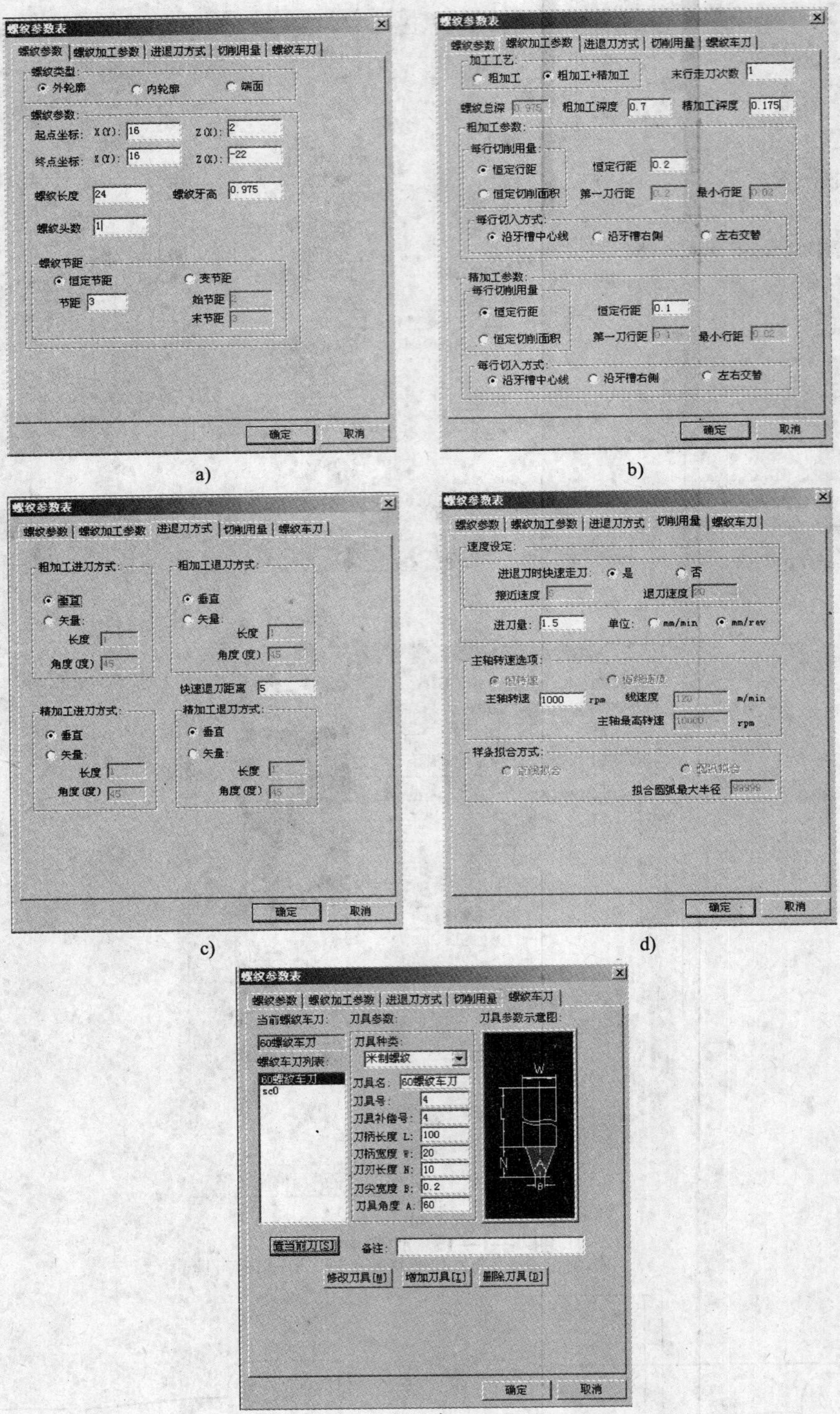

图 7—1—16 螺纹参数表

a）车螺纹参数 b）车螺纹加工参数 c）车螺纹进退刀方式 d）车螺纹切削用量 e）螺纹车刀

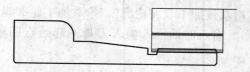

图7—1—17 车螺纹加工轨迹

图7—1—18 内孔加工造型

2）填写参数表 单击主菜单中"加工"→"轮廓粗车"菜单项，或单击数控车工具栏的图标，系统弹出"粗车参数表"对话框，填写各项参数（如图7—1—19所示），并确定。

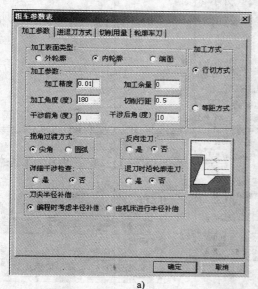

a)

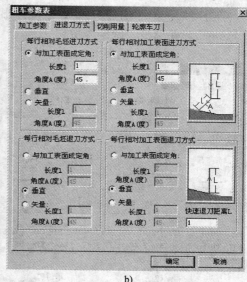

b)

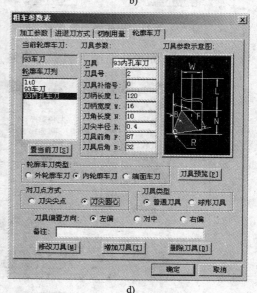

c)

d)

图7—1—19 车内孔参数表

a）车内孔加工参数 b）车内孔进退刀方式 c）车内孔切削用量 d）车内孔轮廓车刀

187

3）生成车内孔加工轨迹 根据状态栏提示"拾取被加工表面轮廓"，拾取加工轮廓线并确定。状态栏提示"输入进退刀点"，按回车键弹出输入对话框，输入刀具的起始点回车，生成如图 7—1—20 所示的加工轨迹。

4．机床设置与后置处理

（1）机床设置

1）单击主菜单中"加工"→"机床设置"菜单项，或单击数控车工具栏的 ✈ 图标，系统弹出"机床类型设置"对话框，如图 7—1—21 所示。

2）单击对话框中"增加机床"，系统弹出"增加新机床"对话框，如图 7—1—22 所示，输入"Fanuc"，并单击"确定"按钮。

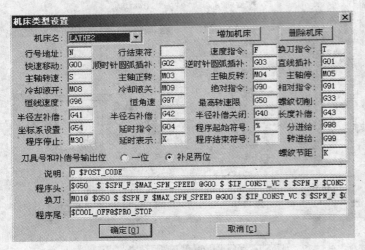

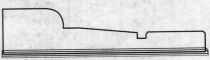

图 7—1—20 车内孔加工轨迹

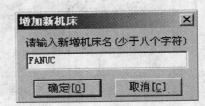

图 7—1—22 增加新机床

图 7—1—21 机床类型设置对话框

3）按照 Fanuc 0i 数控系统的编程指令格式，填写各项参数，如图 7—1—23 所示。

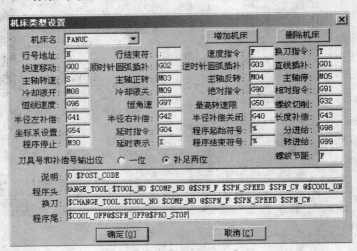

图 7—1—23 Fanuc 0i 数控系统编程指令

其中宏指令参数为:

说明:O $ POST_CODE

程序头:$ CHANGE_TOOL $ TOOL_NO $ COMP_NO @ $ SPN_F $ SPN_SPEED $ SPN_CW @ $ COOL_ON

换刀:$ CHANGE_TOOL $ TOOL_NO $ COMP_NO @ $ SPN_F $ SPN_SPEED $ SPN_CW

程序尾:$ COOL_OFF@ $ SPN_OFF@ $ PRO_STOP

(2)后置处理

单击主菜单中"加工"→"后置处理"菜单项,或单击数控车工具栏的图标,系统弹出"后置处理设置"对话框,各项参数如图7—1—24所示。

5.后置处理生成加工程序(NC代码)

(1)单击主菜单中"加工"→"生成代码"菜单项,或单击数控车工具栏的图标,系统弹出一个需要用户输入文件名的对话框,填写后置程序文件名"1234",如图7—1—25所示。

(2)单击"打开"按钮,系统弹出如图7—1—26所示对话框,问是否创建该文件,选择"是"创建文件。

(3)状态栏提示"拾取刀具轨迹",顺序拾取如图7—1—27所示的外轮廓粗、精加工轨迹,切槽加工轨迹,螺纹加工轨迹和内孔加工轨迹,单击鼠标右键确定。

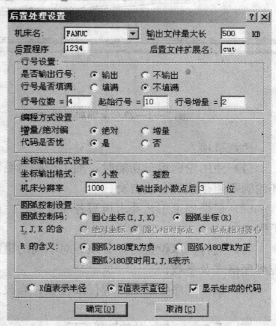

图7—1—24 后置处理设置参数

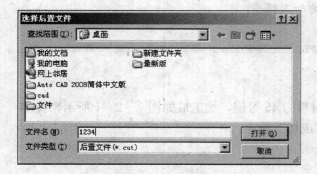

图7—1—25 代码生成界面

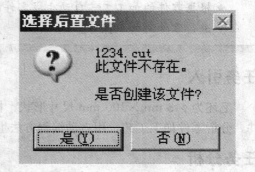

图7—1—26 创建文件

(4)生成如图7—1—28所示的加工程序。

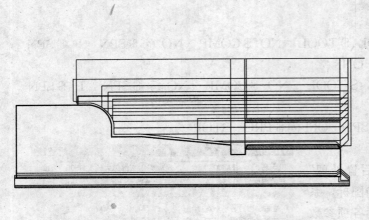

图 7—1—27　全部加工轨迹

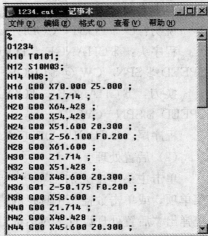

图 7—1—28　加工程序

注意事项：

（1）使用轮廓粗车功能时，加工轮廓与毛坯轮廓必须构成一个封闭区域，加工轮廓和毛坯轮廓不能单独闭合或自交。

（2）根据加工工艺要求填写各项参数，生成加工轨迹后应进行模拟，以检查加工轨迹的正确性。

（3）进行机床设置时，必须针对不同的机床、不同的数控系统设置特定的数控代码、数控程序格式及参数。

（4）加工程序生成后，应仔细检查、修改。

课题二　零件的加工

> **学习目标**
> ◆ 根据要加工零件编写加工工艺；
> ◆ 根据零件的加工工艺自动生成零件的加工程序；
> ◆ 进行零件的加工操作。

任务引入

毛坯为 $\phi43$ mm×100 mm 尺寸形状，材料为 45 号钢，加工成如图 7—2—1 所示轴类零件。分析零件加工工艺，用自动编程方法生成加工程序。

任务分析

计算机自动编程是利用 CAM 软件自动生成零件的数控加工程序。然后再直接将程序传送给数控机床，从而实现零件的自动加工。

任务实施

一、零件工艺分析

1. 零件图的工艺分析。

该零件形状结构比较简单，由外圆柱面、圆锥面、圆弧、螺纹等构成，其中直径尺寸与轴向尺寸没有尺寸精度和表面粗糙度的要求。零件材料为 45 号钢，切削加工性能较好，没有热处理和硬度要求。

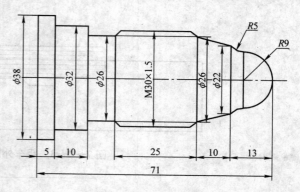

图 7—2—1　轴类零件

通过上述分析，可以采用以下几点工艺措施：

（1）零件图没有公差和表面粗糙度的要求，可完全看成是理想化的状态，在安排工艺时不考虑零件的粗、精加工，故零件建模时就直接按照零件图上的尺寸建模。

（2）工件右端面为轴向尺寸的设计基准，相应工序加工前，用手动方式先将右端面车削完成。

（3）采用一次装夹完成工件的全部加工。

2. 确定车床的尺寸和加工要求，选择经济型的四刀位数控车床，采用三爪自动定心卡盘对工件进行定位夹紧。

3. 确定加工顺序及走刀路线。

加工顺序按照由内到外、由粗到精、由近到远的原则确定，在一次加工中尽可能地加工出较多的表面。走刀路线设计不考虑最短进给路线或者最短空行程路线。外轮廓表面车削走刀路线可沿着零件轮廓顺序进行。

4. 刀具的选择。

根据零件的形状和加工要求选择刀具，见表 7—2—1。

表 7—2—1　　　　　　　　　　　　数控加工刀具卡片

产品名称或代号		×××	零件名称	典型轴	零件图号	×××
序号	刀具号	刀具规格名称	数量	加工表面	刀尖半径（mm）	备注
1	T01	93°硬质合金车刀	1	车外轮廓	0.4	右 20×20
2	T02	60°螺纹车刀	1	车 M30×1.5 螺纹		20×20
3	T03	3 mm 切槽车刀	1	切槽	0.2	20×20

二、零件自动编程加工

1. 使用 CAXA 软件进行自动编程，刀具轨迹如图 7—2—2～图 7—2—7 所示。

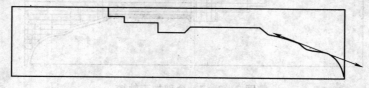

图 7—2—2　选择拾取方向

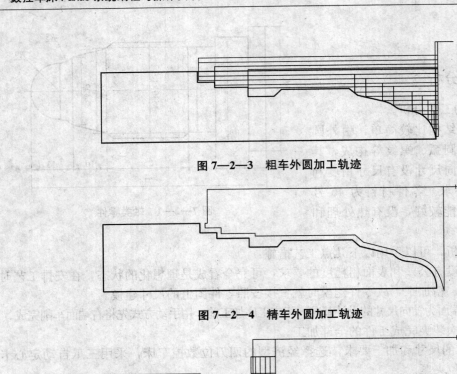

图 7—2—3　粗车外圆加工轨迹

图 7—2—4　精车外圆加工轨迹

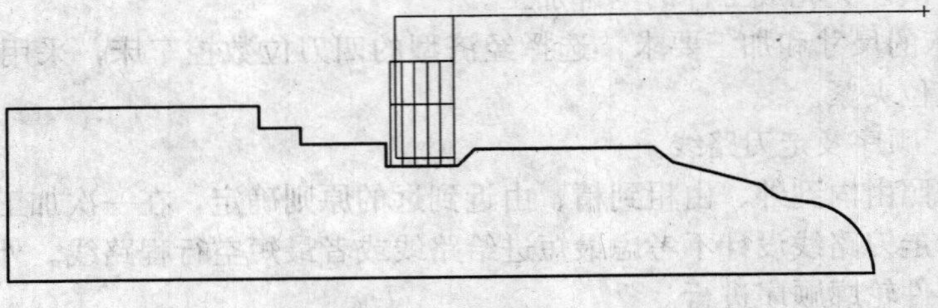

图 7—2—5　切槽加工轨迹

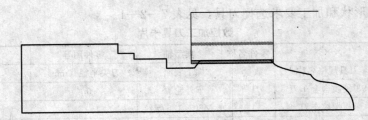

图 7—2—6　螺纹加工轨迹

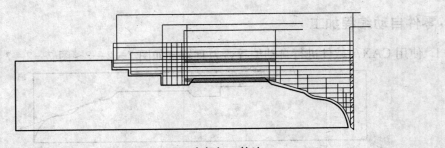

图 7—2—7　全部加工轨迹

2. 自动生成程序（表7—2—2）

| 表7—2—2 | 工件加工程序 |

```
O1234；
N10 G99T0101；
N12 S400M03；
N14 M08；
N16 G00 X58.018 Z6.547 ；
N18 G00 Z1.207 ；
N20 G00 X53.414 ；
N22 G00 X43.414 ；
N24 G00 X42.000 Z0.500 ；
N26 G42；
N28 G01 Z—70.500 F0.200 ；
N30 G00 X52.000 ；
N32 G00 Z1.207 ；
N34 G00 X40.714 ；
N36 G00 X39.300 Z0.500 ；
N38 G01 Z—70.500 F0.200 ；
N40 G00 X49.300 ；
N42 G00 Z1.207 ；
N44 G00 X37.714 ；
N46 G00 X36.300 Z0.500 ；
N48 G01 Z—65.500 F0.200 ；
N50 G00 X46.300 ；
N52 G00 Z1.207 ；
N54 G00 X34.714 ；
N56 G00 X33.300 Z0.500 ；
N58 G01 Z—55.500 F0.200 ；
N60 G00 X43.300 ；
N62 G00 Z1.207 ；
N64 G00 X31.714 ；
N66 G00 X30.300 Z0.500 ；
N68 G01 Z—23.443 F0.200 ；
N70 G00 X40.300 ；
N72 G00 Z1.207 ；
N74 G00 X28.714 ；
N76 G00 X27.300 Z0.500 ；
N78 G01 Z—20.093 F0.200 ；
N80 G00 X37.300 ；
N82 G00 Z1.207 ；
N84 G00 X25.714 ；
N86 G00 X24.300 Z0.500 ；
N88 G01 Z—15.093 F0.200 ；
N90 G00 X34.300 ；
```

```
N92 G00 Z1.207 ；
N94 G00 X22.714 ；
N96 G00 X21.300 Z0.500 ；
N98 G01 Z—12.005 F0.200 ；
N100 G00 X31.300 ；
N102 G00 Z1.207 ；
N104 G00 X19.714 ；
N106 G00 X18.300 Z0.500 ；
N108 G01 Z—6.445 F0.200 ；
N110 G00 X28.300 ；
N112 G00 Z1.207 ；
N114 G00 X16.714 ；
N116 G00 X15.300 Z0.500 ；
N118 G01 Z—3.367 F0.200 ；
N120 G00 X25.300 ；
N122 G00 Z1.207 ；
N124 G00 X13.714 ；
N126 G00 X12.300 Z0.500 ；
N128 G01 Z—1.759 F0.200 ；
N130 G00 X22.300 ；
N132 G00 Z1.207 ；
N134 G00 X10.714 ；
N136 G00 X9.300 Z0.500 ；
N138 G01 Z—0.716 F0.200 ；
N140 G00 X19.300 ；
N142 G00 Z1.207 ；
N144 G00 X7.714 ；
N146 G00 X6.300 Z0.500 ；
N148 G01 Z—0.037 F0.200 ；
N150 G00 X16.300 ；
N152 G00 Z1.207 ；
N154 G00 X4.714 ；
N156 G00 X3.300 Z0.500 ；
N158 G01 Z0.356 F0.200 ；
N160 G00 X13.300 ；
N162 G00 Z1.207 ；
N164 G00 X1.714 ；
N166 G00 X0.300 Z0.500 ；
N168 G01 Z0.499 F0.200 ；
N170 G00 X53.414 ；
N172 G00 X58.018 ；
N174 G00 Z6.547 ；
```

N176 T0101；	N262 G00 X46.000 ；
N178 S400M03；	N264 G01 X29.000 F0.150 ；
N180 G00 X67.458 Z4.799 ；	N266 G04X0.500；
N182 G00 Z0.707 ；	N268 G00 X56.000 ；
N184 G00 X54.000 ；	N270 G00 Z−54.954 ；
N186 G00 X−1.414 ；	N272 G00 X46.000 ；
N188 G00 X0.000 Z−0.000 ；	N274 G01 X29.000 F0.150 ；
N190 G42；	N276 G04X0.500；
N192 G03 X18.000 Z−9.000 R9.000 F0.100 ；	N278 G00 X56.000 ；
N194 G02 X22.000 Z−13.000 R5.000 ；	N280 G00 Z−55.500 ；
N196 G01 X28.000 Z−23.000 ；	N282 G00 X46.000 ；
N198 G01 X32.000 Z−25.000 ；	N284 G01 X29.000 F0.150 ；
N200 G01 Z−46.000 ；	N286 G04X0.500；
N202 G01 Z−56.000 ；	N288 G00 X56.000 ；
N204 G01 X34.000 ；	N290 G00 X46.000 ；
N206 G01 Z−66.000 ；	N292 G00 X44.000 ；
N208 G01 X38.000 ；	N294 G00 X34.000 ；
N210 G01 Z−71.000 ；	N296 G01 X29.000 F0.150 ；
N212 G01 X44.000 ；	N298 G04X0.500；
N214 G00 X54.000 ；	N300 G00 X46.000 ；
N216 G00 X67.458 ；	N302 G00 Z−48.954 ；
N218 G00 Z4.799 ；	N304 G00 X32.707 ；
N220 T0202；	N306 G01 X29.000 Z−50.807 F0.150 ；
N222 S400M03；	N308 G04X0.500；
N224 G00 X62.307 Z−39.082 ；	N310 G01 Z−55.500 ；
N226 G00 Z−48.954 ；	N312 G04X0.500；
N228 G00 X56.000 ；	N314 G00 X44.000 ；
N230 G00 X46.000 ；	N316 G00 X36.000 ；
N232 G42；	N318 G00 X44.000 ；
N234 G01 X32.707 F0.150 ；	N320 G00 Z−56.000 ；
N236 G04X0.500；	N322 G00 X34.000 ；
N238 G00 X56.000 ；	N324 G01 X28.000 F0.150 ；
N240 G00 Z−50.454 ；	N326 G00 X44.000 ；
N242 G00 X46.000 ；	N328 G00 Z−48.600 ；
N244 G01 X29.707 F0.150 ；	N330 G00 X32.000 ；
N246 G04X0.500；	N332 G01 X28.000 Z−50.600 F0.150 ；
N248 G00 X56.000 ；	N334 G01 Z−56.000 ；
N250 G00 Z−51.954 ；	N336 G00 X44.000 ；
N252 G00 X46.000 ；	N338 G00 X62.307 ；
N254 G01 X29.000 F0.150 ；	N340 G00 Z−39.082 ；
N256 G04X0.500；	N342 T0303；
N258 G00 X56.000 ；	N344 S400M03；
N260 G00 Z−53.454 ；	N346 G00 X56.655 Z−20.262 ；

N348 G00 Z—23.000 ;

N350 G00 X39.400 ;

N352 G00 X33.400 ;

N354 G00 X33.200 ;

N356 G01 X31.800 F0.200 ;

N358 G32 Z—48.000 F1.500 ;

N360 G01 X33.200 ;

N362 G00 X33.400 ;

N364 G00 X39.400 ;

N366 G00 X39.000 Z—23.000 ;

N368 G00 X33.000 ;

N370 G00 X32.800 ;

N372 G01 X31.400 F0.200 ;

N374 G32 Z—48.000 F1.500 ;

N376 G01 X32.800 ;

N378 G00 X33.000 ;

N380 G00 X39.000 ;

N382 G00 X38.600 Z—23.000 ;

N384 G00 X32.600 ;

N386 G00 X32.400 ;

N388 G01 X31.000 F0.200 ;

N390 G32 Z—48.000 F1.500 ;

N392 G01 X32.400 ;

N394 G00 X32.600 ;

N396 G00 X38.600 ;

N398 G00 X38.200 Z—23.000 ;

N400 G00 X32.200 ;

N402 G00 X32.000 ;

N404 G01 X30.600 F0.200 ;

N406 G32 Z—48.000 F1.500 ;

N408 G01 X32.000 ;

N410 G00 X32.200 ;

N412 G00 X38.200 ;

N414 G00 Z—23.000 ;

N416 G00 X38.050 ;

N418 G00 X32.050 ;

N420 G00 X31.850 ;

N422 G01 X30.450 F0.200 ;

N424 G32 Z—48.000 F1.500 ;

N426 G01 X31.850 ;

N428 G00 X32.050 ;

N430 G00 X38.050 ;

N432 G00 X37.850 Z—23.000 ;

N434 G00 X31.850 ;

N436 G00 X31.650 ;

N438 G01 X30.250 F0.200 ;

N440 G32 Z—48.000 F1.500 ;

N442 G01 X31.650 ;

N444 G00 X31.850 ;

N446 G00 X37.850 ;

N448 G00 X37.650 Z—23.000 ;

N450 G00 X31.650 ;

N452 G00 X31.450 ;

N454 G01 X30.050 F0.200 ;

N456 G32 Z—48.000 F1.500 ;

N458 G01 X31.450 ;

N460 G00 X31.650 ;

N462 G00 X37.650 ;

N464 G00 X56.655 ;

N466 G00 Z—20.262 ;

N468 M09;

N470 M05;

N472 M30;

模块八

数控车床的检验与保养

课题一　数控车床的精度检验

学习目标
- ◆ 掌握数控车床加工精度检验的方法；
- ◆ 掌握数控车床加工精度检验的步骤。

任务引入

数控机床安装到位后将进行验收工作。数控机床的检测验收工作是一项工作量大且比较复杂的工作，对机床的机、电、液、气等部分及整体进行综合性能及单项的检测。

任务分析

数控机床的精度检验是机床验收工作的重要环节，也是保证机床正常运行的前提。所以，一般机床安装后都要认真地进行精度的检验和调整，确保机床对零件的加工精度。精度检验主要是数控机床几何精度检验和数控机床切削精度的检验。

相关知识

一、数控机床的几何精度检验

数控机床的几何精度是综合反映机床主要零部件组装后线和面的形状误差、位置或位移误差。根据 GBT 17421.1—1998《机床检验通则 第1部分 在无负荷或精加工条件下机床的几何精度》国家标准的说明有如下几类：

1. 直线度

(1) 一条线在一个平面或空间内的直线度,如数控卧式车床床身导轨的直线度;

(2) 部件的直线度,如数控升降台铣床工作台纵向基准 T 形槽的直线度;

(3) 运动的直线度,如立式加工中心 X 轴轴线运动的直线度。

长度测量方法有:平尺和指示器法,钢丝和显微镜法,准直望远镜法和激光干涉仪法。

角度测量方法有:精密水平仪法,自准直仪法和激光干涉仪法。

2. 平面度(如立式加工中心工作台面的平面度)

测量方法有:平板法、平板和指示器法、平尺法、精密水平仪法和光学法。

3. 平行度、等距度、重合度

(1) 线和面的平行度,如数控卧式车床顶尖轴线对主刀架溜板移动的平行度;

(2) 运动的平行度,如立式加工中心工作台面和 X 轴轴线间的平行度;

(3) 等距度,如立式加工中心定位孔与工作台回转轴线的等距度;

(4) 同轴度或重合度,如数控卧式车床工具孔轴线与主轴轴线的重合度。

测量方法有:平尺和指示器法,精密水平仪法,指示器和检验棒法。

4. 垂直度

(1) 直线和平面的垂直度,如立式加工中心主轴轴线和 X 轴轴线运动间的垂直度;

(2) 运动的垂直度,如立式加工中心 Z 轴轴线和 X 轴轴线运动间的垂直度。

测量方法有:平尺和指示器法,角尺和指示器法,光学法(如自准直仪、光学角尺、放射器)。

5. 旋转

(1) 径向跳动,如数控卧式车床主轴轴端的卡盘定位锥面的径向跳动,或主轴定位孔的径向跳动;

(2) 周期性轴向蹿动,如数控卧式车床主轴的周期性轴向蹿动;

(3) 端面跳动,如数控卧式车床主轴的卡盘定位端面的跳动。

测量方法有:指示器法、检验棒和指示器法、钢球和指示法。

6. 注意事项

(1) 检测过程中应注意一些几何精度的相关要求是相互关联和影响的,如主轴轴线与尾座轴线同轴度误差较大时,相应的调整车床床身的地脚垫铁来较少误差,此调整同样也会使机床导轨平行度误差的改变。所以,数控车床的每项几何精度检测应一次检测完成,不然会出现反复调整的现象。

(2) 在检测过程当中,还应该注意消除检测工具和方法所造成的误差。例如检测车床主轴回转精度时,检验心棒自身的振摆、弯曲等造成的误差;在表架上安装千分尺和测微仪时,由于其表架整体刚性不足造成的误差;在卧式车床上使用回转测微仪时,由于重力的影响,造成测头抬头位置及低头位置的测量数据误差等。

二、切削精度检验

数控机床切削精度检验,又被称为动态精度检验,是对几何精度与定位精度在切削加工条件下的一项综合考核。进行切削精度检验的加工，可分单项加工精度检验和综合加工一个标准性试件精度检验两种，现多为采用单项加工为主。

卧式数控车床，单项加工精度有三项内容：外圆车削、端面车削和螺纹车削。

1. 外圆车削

1）精车外圆精度

圆度误差（误差为 0.005 mm）、直径的一致性误差（误差在 300 mm 测量长度上为 0.03 mm）

2）车削条件

车削工件的三段外圆。车削后，检验外圆的圆度及其直径的一致性。

a）外圆检验：

误差为工件近主轴端的一段外圆上，同一横剖面内最大与最小半径差。

b）直径一致性：

误差为通过中心的同一轴向剖面内，三段外圆的最大直径差。

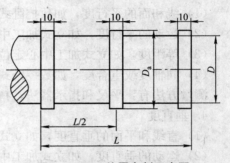

图 8—1—1　外圆车削示意图

3）示意图（图 8—1—1）

工件尺寸：$D \geqslant D_a/8$　$L = D_a/2$

试件材料：45 号钢

2. 端面车削

1）精车端面的平面度

误差在 300 mm 直径上 0.02 mm，端面只允许凹。

2）车削条件

精车铸铁盘类工件端面，车削完成后检验端面的平面度。

3）示意图（图 8—1—2）

工件尺寸：$D \geqslant D_a/2$

试件材料：灰铸铁

3. 螺纹切削

1）精车螺纹的螺距精度

任意 50 mm 长度上测量误差为 0.025 mm；

螺纹表面应无凹陷或波纹出现。

2）切削条件

60°螺纹刀，精车 45 号钢材工件外螺纹，车削过程中可以使用顶尖，车削完成后进行螺距精度检验。

3）示意图（8—1—3）

工件尺寸：d 接近 Z 轴丝杠直径，$L \geqslant 75$mm，螺距应小于或等于 Z 轴丝杠螺距的一半。

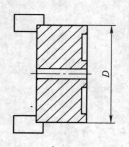

图8—1—2　端面车削示意图

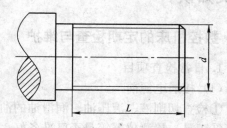

图8—1—3　螺纹切削示意图

任务实施

1. 非切削情况下，用水平仪检测数控车床床身导轨的直线度。

2. 非切削情况下，使用回转测微仪检测卧式数控车床主轴回转精度。

3. 选择直径 60 mm、长 300 mm 的圆棒精车削外圆，检测车削工件的圆度。

4. 选择直径 300 mm、长 60 mm 的圆盘精车削端面，检测车削端面的平面度。

5. 选择直径 35～50 mm、长 150 mm 的圆棒车削螺距为 2 mm 或 3 mm，检测车削的螺距的精度。

课题二　数控车床的维护与保养

学习目标
- ◆ 掌握数控机床的日常维护项目；
- ◆ 熟悉数控机床的日常维护操作。

任务引入

　　一台新出厂的 CKA6150 数控车床，程序启动后步进电机抖动不转。分析可能是连接插头问题，检查步进电机的连接插头，发现由于脏污导致插头失效，清洁连接插头后故障排除。

　　同一机床，在加工程序运行过程中，工作台又突然停止运行，步进电机抖动不转。将工作台退回原点，重新启动加工程序，工作台总是运行到某一位置时停止运行。经检查发现滚珠槽内有异物，清理异物，故障排除。

任务分析

　　为了使数控机床保持良好状态，除了发生故障应及时修理外，坚持经常的维护保养是十分重要的。坚持定期检查，经常维护保养，可以把许多故障隐患消灭在萌芽之中，防止或减少事故的发生。

相关知识

一、数控机床的定期检查与维护

1. 日常检查项目

（1）接通电源前

①检查切削液、液压油、润滑油的油量是否充足；

②工具、检测仪器等是否已准备好；

③切屑槽内的切屑是否已处理干净。

（2）接通电源后

①检查操作盘上的各指示灯是否正常，各按钮、开关是否处于正确位置；

②CRT 显示屏上是否有报警显示。若有问题应及时予以处理；

③液压装置的压力表是否指示在所要求的范围内；

④各控制箱的冷却风扇是否正常运转；

⑤刀具是否正确夹紧在刀夹上，刀夹与回转刀台是否可靠夹紧，刀具是否有磨损；

⑥若机床带有导套、夹簧，应确认其调整是否合适。

（3）机床运转

①运转中，主轴、滑板处是否有异常噪声；

②有无与平常不同的异常现象，如声音、温度、裂纹、气味等。

2. 每月检查与维护项目

（1）检查主轴的运转情况。主轴以最高转速的二分之一旋转 30 min，用手触摸壳体部分，若感觉温即为正常，以此了解主轴轴承的工作情况。

（2）检查 X、Z 轴的滚珠丝杠，若有切屑，应清理干净。若表面干燥，应涂润滑脂。

（3）检查 X、Z 轴超程限位开关、各急停开关是否运作正常。可用手按压行程开关的滑动轮，若 CRT 上有超程报警显示，说明限位开关正常。

（4）检查刀台的回转头、中心锥齿轮的润滑状态是否良好，齿面是否有伤痕等。

（5）检查导套内孔状况，看是否有裂纹、毛刺，导套前面盖帽内是否积存切屑。

（6）检查切削液槽内是否积压切屑。

（7）检查液压装置，如压力表的动作状态，液压管路是否有损坏，各管接头是否有松动或漏油现象等。

（8）检查润滑油装置，如润滑泵的排油量是否合乎要求，润滑油管路是否损坏，管接头是否松动、漏油等。

3. 半年检查与维护项目

（1）主轴检查项目

①主轴孔的振摆。将千分表探头伸入卡盘套筒的内壁接触，然后轻轻地将主轴旋转一周，指针的摆动量小于出厂时精度检查的允许值即可；

②主轴传动 V 形带的张力及磨损情况；

③主轴上编码盘同步带的张力及磨损情况。

（2）检查刀台。主要看换刀时其换位动作的平顺性。以刀台夹紧、松开时无冲击为正常。

（3）检查导套装置。主要以最高转速的二分之一运转 30 min，用手触摸壳体部分，无异常发热及噪声为正常。此外，用手沿轴向拉导套，检查其间隙是否过大。

（4）加工装置检查内容。

①检查主轴分度用齿轮系的间隙。以规定的分度位置沿回转方向摇动主轴，以检查其间隙。若间隙过大，应进行调整。

②检查刀具主轴驱动电动机侧的齿轮润滑状态。若表面干燥，应涂敷润滑脂。

（5）润滑泵的检查。检查润滑泵装置浮子开关的运作情况。可从润滑泵装置中抽出润滑油，看浮子降至警报线以下时，是否有报警指示，以判断浮子开关的好坏。

（6）伺服电动机的检查。检查直流伺服系统的直流电动机。若换向器表面脏，应用白布蘸酒精予以清洗；若表面粗糙，用细金相砂纸予以修整；若电刷长度为 10 mm 以下时，予以更换。

（7）接插件的检查。检查各插头、插座、电缆和继电器的触点是否接触良好。检查各印制电路板是否干净。

（8）断电检查。检查断电后保存机床参数、工作程序用的后备电池的电压值，看情况予以更换。

二、数控车床的不定期检查与维护

除了需要日常和定期维护之外，数控车床还有很多需要不定期维护的项目，见表 8—2—1 和表 8—2—2 所示。

表 8—2—1　　　　　　　　　　　不定期检查项目

序号	检查位置	检查项目	检查备注
1	润滑部位的油位表	是否有足够的油量 油是否明显的污染	如果油量不足，请增添
2	冷却液面	冷却液面是否合适 冷却液是否有明显的污染 油盘过滤器是否受堵	必要时应增添 必要时应更换 必要时应清洗
3	导轨	润滑油供量是否充足 刮屑板是否损坏	
4	三角皮带	张紧力是否合适 表面是否有裂纹或划伤	
5	管路、机床外观	是否有油泄漏 是否有冷却液泄漏	
6	移动件	是否有噪声和振动 移动是否平滑和正常	

续表

序号	检查位置	检查项目	检查备注
7	操作盘	开关和手柄的功能是否正常 是否显示报警	
8	安全装置	功能是否发挥正常	
9	冷却风扇	控制箱和操作盘上的风扇转不转	
10	外部电线、电缆线	有无断线处 绝缘包皮有无破损	
11	电机、齿轮箱及其他旋转部分	是否产生噪声或振动 是否有不正常发热	
12	清理	清理卡盘表面、刀架导轨盖和挡 屑屏并清除切屑	在结束工作时进行
13	卡盘润滑	用润滑油润滑卡爪周围	每周一次
14	机床的加工	机床的加工精度是否保持在规定 要求之内	

表 8—2—2 其他项目

序号	检查部位	维修项目		间隔
1	液压系统	液压装置 管接头	更换液压油，清理过滤器 漏油检查	6个月 6个月
2	润滑系统	润滑装置 管路	清洗吸滤器 检查管路是否漏油、堵塞和破裂	1年 6个月
3	冷却装置	过滤器 切屑盘	清理切屑盘 更换冷却液、清洗过滤器和水箱	适时进行 适时进行
4	三角皮带	皮带 皮带轮	外观检查，松紧度检查 清理皮带轮	6个月
5	主轴电机	声音，振动，温升， 绝缘电阻	检查轴承等处的不正常声音 清理皮带轮	6个月
6	X、Z 轴伺服电机	声音，温升	检查轴承等处的不正常声音， 不正常的温升情况	1个月
7	卡盘	卡盘 回转油缸	拆卸并将卡盘内的切屑清理出去 回转油缸的漏油检查	1年 3个月
8	操作盘	电气装置及接线螺钉	检查电气装置是否有异味，变色 接触面是否有磨损以及接触螺钉的松紧情况 脏物检查并清理	6个月 1个月
9	内部装置的连接	控制箱、机床等各装 置间的电气连接	检查并紧固各接线螺钉 检查并重新紧固继电器等接线端子上的螺钉	6个月

续表

序号	检查部位	维修项目		间　隔
10	电气装置	限位开关传感器 电磁阀	检查并重新紧固安装螺钉和接线螺钉 通过具体的操作检查其功能和动作情况	6 个月 1 个月
11	X 轴、Z 轴	间隙	用千分表测量间隙	6 个月
12	基础	床身水平	用水平仪检查并调整床身的水平	1 年

任务实施

1. 液压装置的维修与保养

（1）液压油的更换

尽管液压油的更换取决于机床用油的频率，但第一次应在机床使用 3 个月后将全部油换下，以后每 6 个月更换一次即可。

（2）滤油器的清理

在进行上述换油操作的同时，一定要对滤油器加以检查并对其进行清理。先卸下吸油管，然后取下滤油器加以清理。根据使用情况，每年更换一次滤油器。

2. 润滑装置维修与保养

（1）加油

按规定加润滑油。

（2）滤油器的清理或更换

清理或更换溜板箱中的滤油器应每年进行一次。从溜板箱中取出油泵时，就会看到滤油器，取出泵后，不要忘记对溜板箱内部的清理。

（3）润滑件的润滑情况检查

确保每个润滑件都得到润滑。如果某一件没有得到润滑，可能是由于润滑油路有漏油现象或是管接头发生堵塞。堵塞的管接头不能再使用了，必须用一个新的将其换下。

3. 冷却装置维修与保养

（1）冷却泵是否正常

（2）冷却液的更换

当由冷却液喷嘴流出的液量减少时，应立即检查冷却箱（切屑盘）中的液面。若发现冷却液不足，应该添加冷却液，并使液面超过冷却泵吸入口。如果冷却液太脏了，应将箱内的冷却液全部换掉。同时，还应对切屑盘内部加以清理。

（3）过滤器的清理

取下过滤器清洗或更换。

4. 三角皮带的调整

如果三角皮带承受的张紧力大于许用值，就可能缩短皮带和轴承的使用寿命。相反，张力太小，皮带就没有足够的力量来传递额定功率。

要调整皮带的张紧力，可在上下方向调整电机的底座。皮带适度的张紧力应该通过对皮带加载而产生的挠度来确定。

首次是 3 个月，以后每 6 个月调整一次，按以下所给的步骤定期调整皮带的松紧度：

（1）用手在垂直于皮带的方向上拉皮带，作用力必须在皮带轮中间。

（2）旋紧电机底座上四个安装螺栓。

（3）转动调整螺栓移动电机底座，使皮带具有适度的松紧度。

皮带轮槽沟内若有油、污垢、灰尘或类似的东西，会使皮带打滑，缩短皮带的使用寿命，需及时进行清理。

5. 主轴箱维修与保养

主轴轴承间隙过大直接影响加工精度，主轴的旋转精度有径向跳动及轴向蹿动两项。径向跳动由主轴前端的双列向心短圆柱滚子轴承和后端的向心推力球轴承保证。轴向蹿动由主轴后端的向心推力轴承保证。该项精度出厂前已调整好，一般不要调整。

6. 卡盘维修与保养

为了保持机械卡盘的精度，卡盘的润滑工作很重要。根据卡盘使用说明书，使用油枪为卡盘、卡爪注油。

卡盘长期工作后，其内部会积一层细屑，易发生卡爪行程不到位等一系列故障，所以每 6 个月卸下卡盘一次，进行清理（如果切削铸铁件，至少每 2 个月一次或多次卸下卡盘，做彻底清理）。

另外：不同型号的数控车床日常保养内容和要求可能不完全一样，对于具体的机床，应按说明书中的规定执行。

思考与练习

1. 数控车床日常检查与维护要点是什么？

2. 数控车床的保养应注意哪些部位？

3. CKA6150 数控车床的维修与保养内容有哪些？